Impressum:

Copyright © 2017 GRIN Verlag, Open Publishing GmbH
Druck und Bindung: Books on Demand GmbH, Norderstedt Germany
ISBN: 9783668573413

Dieses Buch bei GRIN:

http://www.grin.com/de/e-book/380741/foerderung-der-argumentationskompetenz-
das-argumentationsmodell-von-toulmin

Linda Becker

Förderung der Argumentationskompetenz. Das Argumentationsmodell von Toulmin. Der Tropische Regenwald

GRIN Verlag

Förderung der Argumentationsrezeption
mithilfe des Argumentationsmodells von Toulmin

am Beispiel des Tropischen Regenwaldes

vorgelegt von

Linda Becker

Flensburg, 02. Mai 2017

Inhaltsverzeichnis

Abbildungs- und Tabellenverzeichnis

Schülerinnen und Schüler soll es ermöglicht werden,
„(…) aktiv an der Analyse und Bewertung von nicht nachhaltigen Entwicklungspro-
zessen teilzuhaben, sich an Kriterien der Nachhaltigkeit im eigenen Leben zu orien-
tieren und nachhaltige Entwicklungsprozesse gemeinsam mit anderen lokal wie glo-
bal in Gang zu setzen." (DE HAAN 2007, S.4)

1. Problemstellung

1.1 Themenfindung

Im Sinne einer Bildung für nachhaltige Entwicklung sollen Schülerinnen und Schüler[1], wie im einleitenden Zitat angegeben, wertorientiert sach- und raumgerecht tätig werden. Diese Raumverhaltenskompetenz vor dem Hintergrund der Nachhaltigkeit ist die Richtlinie der Geographiedidaktik (MSB SH 2015, S.12). Die zunehmend komplexeren Entwicklungen unserer Zeit, wie Globalisierung, Klimawandel und weitere Kernprobleme des gesellschaftlichen Lebens, verlangen, sich „mit guten Gründen fachlich, sachlich und persönlich zu entscheiden und zu handeln" (MSB SH 2016, S.8f; 2015, S.18). Gerade die Geographie als Brückenfach bietet ein besonderes Potential, da sie naturwissenschaftliche und gesellschaftswissenschaftliche Bildung verknüpft (MSB SH 2016, S.8). Im Unterricht erfolgt diese Wissens- und Kompetenzvermittlung in Form von Kommunikationsangeboten. Die interaktive Auseinandersetzung und die kommunikative Darstellung von Lernprodukten und deren Reflexion tragen zu einem konstruktivistischen Lernen bei. Denn fachliches Wissen kann nur durch Kommunikation individuell „in Wert" gesetzt werden und somit bei Problemlösungen zur Verfügung stehen (BUDKE 2012 S.8). Die Kommunikationskompetenz ist damit Voraussetzung für den Erwerb von Fachwissen und fachlichem Können und im Zusammenhang mit der Raumverhaltenskompetenz gerade dann von Bedeutung, wenn keine eindeutigen Entscheidungen zu treffen sind (MSB SH 2015, S.17).

Mit den nationalen Bildungsstandards als Folge des PISA- Schocks ist die Kommunikationskompetenz wichtiger Bestandteil aller Fächer (BUDKE u. MEYER 2015, S.12). Nach BUDKE (2012, S.11f) kann die Kommunikationskompetenz in drei Teilbereiche eingeteilt werden: Beschreiben, Erklären, Argumentieren. Die Teilbereiche entsprechen den drei Anforderungsbereichen von Aufgaben, sodass die Argumentation, welche im dritten Anforderungsbereich zu verorten ist, als besondere Herausforderung und Bereicherung im Unterricht angesehen werden kann (BUDKE 2012, S.12). Nach einer Studie von WUTTKE (2005, S.79- 86) werden Lernprozesse besonders vertieft, wenn im Unterricht qualitativ hochwertige Argumentationssequenzen genutzt werden. Diese begünstigen die Strukturierung des Wissens und dienen insbesondere der Bewusstmachung und Verknüpfung mit Vorwissen. Weitere wissenschaftlich belegte Hinweise deuten darauf, dass die Argumentationskompetenz besonders verständnisfördernd ist (BUDKE 2012, S.13). Die Argumentation zwischen den SuS fungiert dabei als Verfahren zur Problemlösung, bei welchem strittige Behauptungen durch Begründungen widerlegt oder bestätigt werden, mit dem Ziel sein Gegenüber zu überzeugen. Diese Art der Erschließung und Deutung der Welt ist damit Voraussetzung der Raumverhaltenskompetenz (BUDKE u. UHLENWINKEL 2011, S.114f).

Trotz dieser lohnenswerten Aspekte wird nur selten im Geographieunterricht und in wenigen Schulbüchern die Argumentationskompetenz geschult, worauf die Erhebung der tatsächlichen Argumentationsfähigkeit von BUDKE (2011, S.117) hinweist. In einem Lehrerinterview wurden Gründe wie Unsicherheiten in der sinnvollen Themenwahl oder der methodischen Umsetzung, die dazugehörige effektive Vor- und Nachbereitung, als auch die Möglichkeiten der Leistungsbewertung aufgeführt. Bekannte und relativ häufig eingesetzte Methoden zur Förderung der Argumentationskompetenz stellen Diskussionen, Debatten und Planspiele dar (BUDKE 2012, S.15). Übertragen in das empirisch validierte Kommunikationskompetenzmodell des Gemeinsamen europäischen Referenzrahmens für Sprachen (GER) entsprächen diese Methoden der Kompetenzdimension „Kommunikationsinteraktion" und beinhalten somit die Kompetenzdimensionen „Produktion" und

---

„Rezeption" (BUDKE u. UHLENWINKEL 2011, S.115f). Der Kommunikationsinteraktion geht folglich das Lernen der Rezeption und Produktion von Argumenten voraus. „Ziel jeden Unterrichts, der Argumentationskompetenz vermitteln möchte, müsste es sein, die Schüler zu befähigen die Grundstrukturen von Argumenten zu erkennen, Behauptungen, Belege und Schlüsse zu identifizieren und mit ihrer Hilfe eigene Argumentationen in geographischen Kontexten, die sich an verschiedenen Argumentationsmustern orientieren, zu entwerfen.", so BUDKE (2012, S.13). Dazu eignet sich das Argumentationsmodell von Toulmin, da es als Reflexionswerkzeug Werte hinter Aussagen entschlüsselt und den Aufbau von Argumentationen durch die vorgegebene Struktur verstehen lässt (MEYER u. FELZMANN 2011, S.141, BUDKE 2012, S.12).

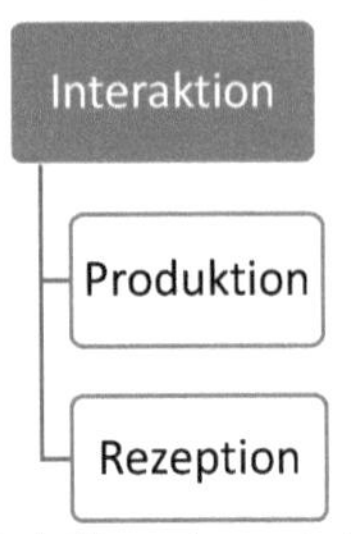

Abb.1: Dimensionen der Kommunikationskompetenz in Anlehnung an den Gemeinsamen europäischen Referenzrahmen für Sprachen (GER) (verändert nach BUDKE 2012, S.9)

Ausgehend von den Lernenden, eine motivierte und diskussionsfreudige 7. Klasse, stellte ich fest, dass sie Schwierigkeiten haben, sich aufeinander zu beziehen und ihre Meinungen zu belegen. Eine Diskussion bringt somit nicht den gewünschten Kompetenzzuwachs, da zunächst einmal die Argumentationsrezeption geschult werden muss. Aufgrund des bereits erwähnten theoretischen Hintergrundes sollen die Lernenden ihre Argumentationsrezeption im Zusammenhang mit der geographischen Wertorientierung im Sinne der Nachhaltigkeit schulen. Mit Hilfe des Gedankenexperimentes wird eine Methode vorgestellt, welche die Argumentationsrezeption in einer 7. Klasse zum Thema Tropischer Regenwald fördert, das Schema von Toulmin schrittweise einführt und somit zur Bildung für nachhaltige Entwicklung beiträgt.

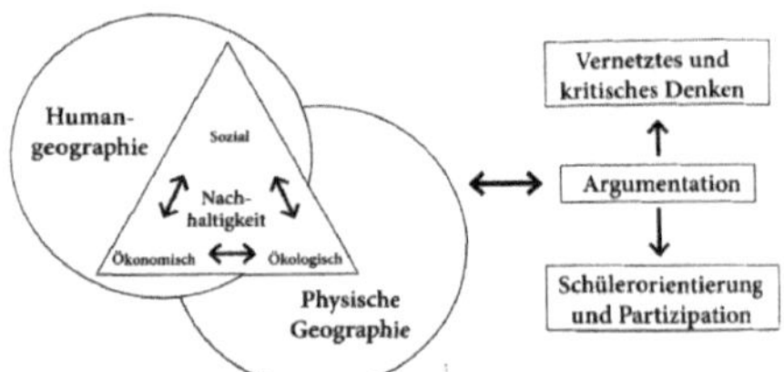

Abb.2: Bildung für nachhaltige Entwicklung (BNE) durch Argumentation im Fach Geographie (LEDER 2015, S.138)

Diese Hausarbeit soll mit der beispielhaften Unterrichtseinheit einen Beitrag dazu leisten, Unsicherheiten bezüglich der Förderung von Argumentationsrezeption in der Sekundarstufe I zu verringern.

1.2 Bezug zum Modul und zu den Ausbildungsstandards

Die Unterrichtseinheit basiert auf Erkenntnissen aus verschiedenen Modulen und den verbindlichen Ausbildungsstandards. Eine geeignete Methode zur Argumentationsrezeption wurde im Geographiemodul „Methoden im Geographieunterricht" vermittelt. Das Argumentationsmodell von Toulmin stammt aus Diercke Methoden „Thinking through Geographie" (VAKAN 2007). Im Pädagogikmodul wurde die handlungsorientierte Lernschleife (MATTES 2011, S.28f) thematisiert und das Biologiemodul lehrte das Verständnis von Werten und Normen. Des Weiteren wurden verschiedene Modelle des Bewertungsprozesses vorgestellt. Bezüglich der Allgemeinen Ausbildungsstandards (AAS) und der fachspezifischen Ausbildungsstandards in Geographie (ASG) liegen der Unterrichtseinheit folgende Standards zugrunde. Wobei zu erwähnen ist, dass die Standards Bestandteil des täglichen Unterrichts sind (IQSH 2016a, S.10f; IQSH 2016b, S.9).

Tab.1: Übersicht der Ausbildungsschwerpunkte (verändert nach IQSH 2016a, S.10f; IQSH 2016b, S.9).

AAS/ ASG	Erläuterung Die Lehrkraft im Vorbereitungsdienst (i.V.) …
AAS I1,2, 14; IV25	… plant mittelfristig, im Kontext von Einheiten Unterricht unter Berücksichtigung der Fachanforderungen, evaluiert den Unterricht systematisch unter Einbeziehung der Lernenden und zieht Konsequenzen aus der Reflexion der eigenen Arbeit.
AAS III21	… vermittelt demokratische Werte und Normen.
AAS V29,31,33	Die Lernenden bearbeiten im eigenverantwortlichen Unterricht der Lehrkraft i.V. Aufgaben in unterschiedlichen Sozialformen, machen Fortschritte beim Kompetenzerwerb und melden dies zurück.
ASG 2	… gestaltet den Unterricht so, dass raumwirksame Kräfte, Prozesse und Prozessergebnisse analysiert und bewertet werden, die sich aus den Wechselwirkungen zwischen Natur, Wirtschaft und Gesellschaft ergeben, komplexe raumrelevante Zusammenhänge erkannt und raumbezogene Handlungskompetenz aufgebaut wird.
ASG 4	… nutzt und vermittelt im Unterricht geographisch relevante Arbeitstechniken und -methoden, um Informationen zu gewinnen, zu verarbeiten, darzustellen und zu bewerten.
ASG 6	… ermöglicht und vermittelt den reflektierten Umgang mit Medien sowie Informations-, Kommunikationstechniken, um geographisch relevante Informationen zielgerichtet und aufgabenbezogen gewinnen, verarbeiten, präsentieren und bewerten zu können.
ASG 7	… setzt im Unterricht handlungsorientierte Methoden zur Verdeutlichung der Auswirkungen raumrelevanter Entscheidungen und zum Aufbau raumbezogener Handlungskompetenz ein.
ASG 8	… setzt raumbezogene Projekte/ Vorhaben um und bringt den Raumbezug sowie geographische Arbeitsmethoden auch fächerübergreifend ein.
ASG 11	… erzieht zu verantwortungsvollem und nachhaltigem Umgang mit der nicht vermehrbaren Lebensgrundlage Raum.

Die AAS werden weiter in vier Teilbereiche der Prozessqualität (I Planung, Durchführung und Evaluation von Unterricht; II Mitgestaltung und Entwicklung von Schule; III Pädagogik und Beratung; IV Selbstmanagement) und in den Bereich der Ergebnisqualität (V Pädagogische Effekte und Bildungseffekte) unterteilt.

1.3 Leitfrage und Zielvorstellung

Um die SuS letztlich in ihrer Raumverhaltenskompetenz zu fördern, sollen ihnen in Anlehnung an die Empfehlung von MEYER und FELZMANN (2011, S.137) zunächst Strukturen eines ethischen Urteils und dabei vor allem die zur Begründung notwendigen Norm- und Wertvorstellungen bewusst gemacht werden. Diesbezüglich trafen auch BUDKE und UHLENWINKEL (2011, S.127) nach der Auswertung ihrer Pilotstudie folgende Schlussfolgerung: „Da häufig nur unbegründete Behauptungen aufgestellt oder Belege genannt wurden, die aber nicht auf die Behauptung bezogen wurden, erscheint es sinnvoll, den Schülern theoretisches Wissen darüber zu vermitteln, aus welchen Elementen Argumentationen generell bestehen." Sie weisen explizit auf das Strukturschema von Toulmin hin, das zunächst zu analysieren und dann mit eigenen Argumentationen zu füllen sei. Die genannte Argumentationsrezeption fördert also das Entschlüsseln, Verstehen und das Bewerten von fachspezifischen Diskursen (BUDKE 2012, S.9). Das Argumentationsmodell von Toulmin deckt somit Argumentationsstrukturen und die hinter Entscheidungen stehenden Normen und Werte auf. Auf dieser Grundlage können Argumente hinterfragt und interpretiert werden. Es dient in Form eines Reflexionswerkzeuges zum vertiefenden Verständnis von ethischen Urteilen (MEYER u. FELZMANN 2011, S.141). Dabei muss zwischen nicht ethischen und ethischen Urteilen unterschieden werden. Nicht ethische Urteile sagen etwas über die Angemessenheit, Richtigkeit oder Gültigkeit aus und ent-

sprechen damit dem Operator „Beurteilen", wohingegen ethische Urteile auf Wertmaß-stäben basieren und dementsprechend mit dem Operator „Bewerten" versehen sind (MEYER u. FELZMANN 2011, S.132). Dieses Bewertungsstrukturwissen befähigt SuS im Sinne einer Bildung für nachhaltige Entwicklung sich „mit guten Gründen fachlich, sachlich und persönlich zu entscheiden" (MSB SH 2016, S.18).
Zusammenfassend lässt sich die Hausarbeit somit unter folgende Leitfrage stellen:

„Inwiefern trägt das Argumentationsmodell von Toulmin als Reflexionswerkzeug von Argumentationsstrukturen bei?"

Vor diesem Hintergrund, der Themenwahl (vgl. 2.2), den didaktischen (vgl. 2.3) und me-thodischen Überlegungen (vgl. 2.4) lautet die Hauptintention für die Unterrichtseinheit:

Indem die SuS in einer komplexen Entscheidungsaufgabe zur Nutzung eines Stückes Tropischen Regenwaldes das Argumentationsmodell von Toulmin anwenden, um ihre Entscheidungen zu begründen, reflektieren sie den Aufbau von ethischen Argumentati-onsstrukturen.

Wie zuvor herausgestellt, werden mit Hilfe des Schemas von Toulmin Werte hinter Entscheidun-gen entschlüsselt. Dies zeigt die Verflechtung zwi-schen der Förderung von Argumentationsrezeption und dem damit einhergehenden Einfluss auf die Be-wertungskompetenz. Nur in Abhängigkeit voneinan-der können Kompetenzen erworben werden, was letztlich in die Mehrdimensionalität der geographi-schen Gesamtkompetenz mündet (MSB SH 2015, S.16). Die Lernenden erwerben **Fachwissen** über die Beziehung von Mensch und Umwelt und deren Zusammenwirken in Form verschiedener Nut-zungsansprüche an den Tropischen Regenwald (F4 S17).
Die Kenntnis zur **räumlichen Orientierung** basiert in dieser Unterrichtseinheit auf der Einordnung die-ses geographischen Sachverhaltes in das räumli-che Ordnungssystem, die Verteilung der weltweiten

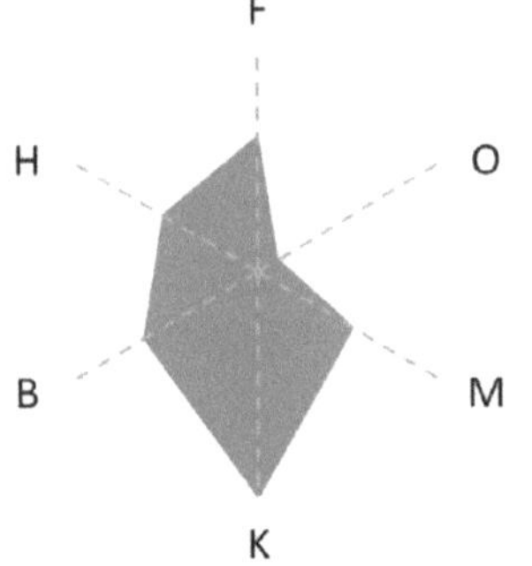

Abb.3: Analysespinne zur Einordnung und Gewichtung der Kompetenzberei-che bezüglich der Hauptintention (verän-dert nach DGfG 2012, S.34)

Landschaftszonen und deren einflussreiche Bedeutung (O1 S2, O2 S3). Die Struktur des Argumentationsmodells von Toulmin ermöglicht Informationen in Form von Argumenten auszuwerten (M1 S3). Die Argumentationsrezeption wird in den Fachanforderungen nicht als Teilbereich der **Kommunikation**skompetenz dargestellt, schult jedoch die Lernenden darin, geographisch relevante Mitteilungen fach-, situations- und adressatengerecht nach dem Konzept von Toulmin zu organisieren und zu präsentieren (K1 S4).
In Folge der ethischen Urteilsbildung lernen die SuS Nachhaltigkeit als Wert zu benennen und geographische Sachverhalte in Hinblick auf diesen Wert zu **bewerten** (B4 S7,8). Damit werden sie befähigt, in ihren individuellen **Handlung**sfeldern die Gegenwart und Zukunft auf der Erde nachhaltig zu gestalten (H1 S1, S4). Des Weiteren können die Ler-nenden das Argumentationsmodell von Toulmin zur Erkennung von nachhaltigem Han-deln einsetzen, sodass sie zur Reflexion eigener und fremder Wertorientierung befähigt sind (H3 S10). Der nahtlose Übergang zwischen den Kompetenzen lässt sich abschlie-ßend in einer für diese Unterrichtseinheit gewichteten Analysespinne abbilden.

2. Unterrichtspraxis

2.1 Unterrichtliche Voraussetzungen

Seit Beginn des Schuljahres 2016/2017 unterrichte ich die 7. Klasse eigenverantwortlich je zweistündig in Biologie und Geographie. In die Klasse gehen insgesamt elf Schülerinnen und 14 Schüler. Die Lerngruppe zeigt hinsichtlich geographischer Themen großes Interesse und viel Motivation. Die Lernatmosphäre ist von Hilfsbereitschaft und einem freundlichen Miteinander geprägt, sodass die SuS in verschiedenen Gruppen engagiert mitarbeiten. Dieses Verhalten der Lerngruppe zeigt sich nicht nur in Geographie, sondern auch in Biologie und kann von anderen Lehrkräften bestätigt werden.

Ungefähr acht Lernende bereichern regelmäßig mit guten bis sehr guten Beiträgen den Unterricht. Ein Schüler bringt sein Vorwissen besonders ein, bearbeitet jedoch schriftliche Aufgaben nicht zielorientiert. Daneben beteiligen sich fünf Lernende mündlich sehr wenig. Aufgefordert geben zwei dieser SuS gute bis sehr gute Antworten und bereichern den Erkenntnisprozess.

Die Lerngruppe verhält sich hinsichtlich kontroverser Themen recht diskursiv, wobei Mängel bei der Begründung der eigenen Meinung festzustellen sind. Um gute Voraussetzungen zur Formulierung eigener Argumentationen und zum Führen von Diskussionen zu schaffen, sollen die SuS diesbezüglich geschult werden. Die Förderung der Argumentationsrezeption ist für die Lerngruppe in Bezug auf das Leistungsvermögen herausfordernd, sodass während der Unterrichtseinheit je nach Bedarf Hilfen auf unterschiedlichem Niveau zur Verfügung stehen (MSB SH 2016, S.21). Die Hilfen sollen das Verständnis für das Reflexionswerkzeug und die abstrakten Begriffe wie „Norm" und „Wert" unterstützen. Obwohl sich die Lernenden mit der Schulung der Argumentationsrezeption im Anforderungsbereich III befinden, kann durch ihr erworbenes Vorwissen und den zur Verfügung stehenden Hilfen eine Überforderung vermieden werden.

Um voneinander zu profitieren und das soziale Miteinander immer wieder zu stärken, bieten sich Partner- und Gruppenarbeiten an. Eine hohe Aktivierung und Beteiligung aller SuS kann auch in Reflexionsphasen stattfinden, indem ein Austausch in Kleingruppen stattfindet. Denn gerade in dieser Phase ermöglicht die Kleingruppe, dass sich alle Mitglieder aktiv mit dem eigenen Lernen auseinandersetzen und den anderen davon berichten. Jeder Lernende soll erkennen, dass er oder sie einen wichtigen Beitrag für das Weiterkommen aller leistet und von der Gruppe wertgeschätzt wird. Dies kann während einer Reflexion im Plenum nur ansatzweise geleistet werden. Des Weiteren erscheinen aktivierende und eigenverantwortliche Arbeitsphasen besonders lohnenswert, da der Stundenplan den Geographieunterricht freitags in der 4. und 5. Stunde vorsieht.

Die Lernenden beschäftigen sich im Biologieunterricht bereits mit dem Tropischen Regenwald, da die Fachanforderungen Biologie und das interne Schulcurriculum für die 7. Klasse im zweiten Halbjahr das Thema *Ökosystem* vorsehen. Zudem planen wir in diesem Zusammenhang eine Ausstellung zum *Tag des Artenschutzes*. Dazu wird im Biologieunterricht die weltweite Verteilung des Tropischen Regenwaldes und dessen Bedeutung für die Artenvielfalt und für den Menschen thematisiert. Die Nutzungsansprüche an den Tropischen Regenwald stellen ein sehr diskursives Thema dar, an welchem kontroverse Standpunkte analysiert werden können (vgl. 2.2). Aufgrund dessen bietet sich die Einbettung der Unterrichtseinheit in einen fächerübergreifenden Unterricht an.

2.2 Vorstellung des Unterrichtsgegenstandes

Abb.4: Produkte aus dem Tropischen Regenwald (ABENTEUER REGENWALD 2017).

Diese Abbildung stellt ansatzweise die Vernetzung zwischen unserer Lebenswelt und dem Tropischen Regenwald dar, jedoch ist diese weitaus weitreichender als abgebildet. Die Verflechtung betrifft nicht nur Lebensmittel, sondern hat Einfluss auf Bereiche wie Wohnen, Musik und Körperhygiene. Immer häufiger werben Lebensmittelläden, Baumärkte und auch Musikfirmen mit nachhaltig zertifizierter Ware. Der uns weit weg erscheinende Tropische Regenwald ist plötzlich ganz nah und für viele von großer Bedeutung, wenn sie auf die genutzten Regenwaldprodukte aufmerksam gemacht werden. Dieser Einfluss im alltäglichen Handeln sollte den SuS bewusst gemacht werden, da sich damit die Attraktivität dieses Lerngegenstandes erhöht. Da der Raum des Tropischen Regenwaldes von Jahr zu Jahr schrumpft und eine einflussreiche Rolle in Bezug auf das Klimasystem und die biologische Vielfalt spielt (BMU 2011, S.3- 9), stellen die unterschiedlichen und teilweise irreversiblen Nutzungsansprüche den Haken an der Sache dar. Die Vielfältigkeit und kontroversen Nutzungsformen (ERNST KLETT VERLAG 2012, S.50-51; WESTERMANN SCHROEDEL 2010, S.48- 49; BMU 2011, S.8) dienen im Besonderen zur Förderung der Argumentationsrezeption gerade im Hinblick darauf, dass es keine eindeutig zu treffende Entscheidung gibt (MSB SH 2015, S.17). Es gilt, die Differenzen zwischen den Entscheidungsmöglichkeiten zu entschlüsseln, Standpunkte zu verstehen und zu bewerten (LEDER 2015, S.142). Daraus ergeben sich wiederum die Lernprodukte in Form des Argumentationsmodells von Toulmin, anhand dessen die entscheidungsbeeinflussenden Normen und Werte reflektiert werden. Somit ist eine inhaltliche und kompetenzorientierte Passung des Lernproduktes gegeben.

Nach BUDKE et al. (2015, S.273) wird von vielen Lernenden der Schutz des Regenwaldes als „unbedingt notwendig" und vor dem „Hintergrund des Nutzens für sie selbst" in Form der Sauerstoffproduktion als sehr wichtig erachtet. Diesen naturalistischen Fehlschluss erwähnen auch MEYER und FELZMANN in ihrem Artikel in Bezug auf moralische Kontexte in der Biologie (2011, S.13). Um nicht dem naturalistischen Fehlschluss zu erliegen, müssen die SuS über Vorwissen zu Nutzungsformen im Tropischen Regenwald und dessen Bedeutung für den Menschen verfügen.

In Biologie wird der Unterrichtsgegenstand den SuS durch das Mitbringen verschiedener Produkte aus dem Tropischen Regenwald näher gebracht und somit an die Lebenswelt der Lerngruppe angeknüpft. Des Weiteren werden die objektiven Raumkonzepte im Fach Biologie (vgl. 2.1) behandelt, sodass in der vorliegenden Unterrichtseinheit überwiegend subjektive Raumkonzepte genutzt und anhand dessen die Raumnutzungskonflikte deutlich gemacht werden. Die SuS schlüpfen in eine Lerngeschichte, die sie mit zu den Ureinwohnern und deren Lebensweise im Tropischen Regenwald nimmt. Durch Begegnungen mit weiteren Personen, die Nutzungsansprüche an den Tropischen Regenwald stellen, setzen sie sich mit der nicht vermehrbaren Ressource Raum auseinander (MSB SH 2015, S.12). Insbesondere zur Vermittlung des geographischen Wertes der Nachhaltigkeit bietet der Unterrichtsgegenstand viele verschiedene Beispiele wie das FSC- Zertifikat (ERNST KLETT VERLAG 2007), Fairtrade Schokolade (GEPA 2017) und Agroforstwirtschaft (WESTERMANN SCHROEDEL 2010, S.48- 49).

2.3 Didaktische Überlegungen

Die Unterrichtseinheit *„Tropischer Regenwald"* ist unter dem verbindlichen Thema *„Afrika- Abhängigkeiten von Naturraum und Bevölkerungsentwicklung und seine wirtschaftlichen Potentiale"* und damit innerhalb des verbindlichen Arbeitsschwerpunktes *„Räume und ihre Abhängigkeiten und Potenziale"* zu finden (MSB SH 2015, S.25). Das schulinterne Fachcurriculum der Lornsenschule setzt diese Thematik in der 7. Klasse an. Das Thema bietet die Möglichkeit, kontroverse Nutzungsformen im Sinne der Argumentationsrezeption zu entschlüsseln, zu verstehen und zu bewerten (BUDKE 2012, S.9; vgl. 2.2).

Es sind verschiedene Unterrichtsgänge denkbar. MEYER und FELZMANN (2011, S.137) empfehlen zunächst die Struktur eines ethischen Urteils und dabei vor allem die zur Begründung notwendigen Norm- und Wertvorstellungen bewusst zu machen. Dies birgt jedoch die Gefahr, dass die Lernenden durch mangelndes Wissen über die Hintergründe der verschiedenen Nutzungsformen, einen naturalistischen Fehlschluss ziehen (vgl. 2.1). Zur Vorbeugung dessen, müssen die SuS erst einmal Vorwissen zu den verschiedenen Nutzungsansprüchen erlangen. Das hohe Anforderungsniveau, welches mit der Umsetzung des Argumentationsmodelles von Toulmin für eine 7. Klasse einhergeht, spricht für die Thematisierung der Nutzungsmöglichkeiten zu Beginn der Unterrichtseinheit. Zum einen wird mit dem Modell eine Argumentation gegliedert und zum anderen wird diese auf dessen Geltungsbeziehung analysiert. Die Geltungsbeziehung besteht bei ethischen Argumentationen aus der entscheidungswirksamen Norm und dem dahinter stehenden Wert.

Da mein vorliegendes Beispiel (FELZMANN 2012, S.59f) für die Jahrgänge 9- 13 entworfen wurde, werden für meine Lerngruppe einige Veränderungen vorgenommen. Vorab werden die Lernenden bezüglich verschiedener Nutzungsformen geschult, um im Anschluss eigene ethische Argumentationen zu erstellen. Des Weiteren wird das Schema von Toulmin insofern abgewandelt, dass es für die SuS bekannte Begriffe beinhaltet. Lediglich „Norm" und „Wert" bleiben erhalten und werden durch Fragen verständlich vermittelt. Zum Eintragen der Norm, wird die Entscheidung mithilfe der Formulierung von allgemeinen „Sollen"- Sätzen begründet („Man soll grundsätzlich..."). Anschließend wird die Frage gestellt, „Wer oder was ist dir hierbei ´wert´- voll", um den Wert zu ergründen (FELZMANN 2012, S.63). BUDKE und UHLENWINKEL (2011, S.127f) empfehlen ein Argumentationsdomino als weitere Übung, um komplexere Argumente mittels Textbauteilen zusammensetzen zu lassen. Diese

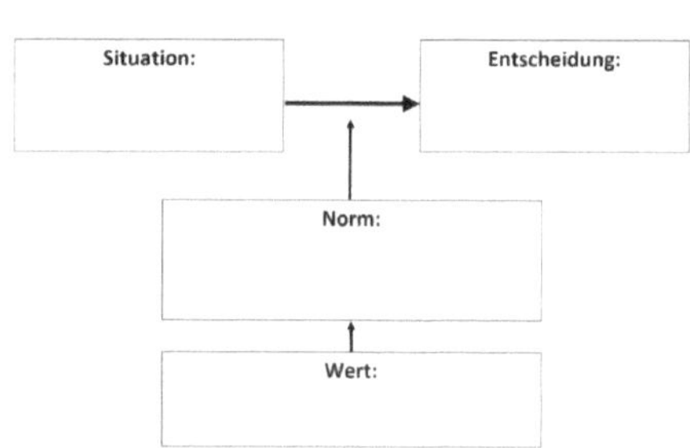

Abb.5: Eigene Darstellung des Argumentationsmodells von Toulmin (verändert nach FELZMANN 2012, S. 60)

Idee wird dahingehend abgewandelt, dass bereits zu Beginn Argumentationsdominos als Hilfe zur Verfügung stehen.

Daraus folgt, dass die Unterrichtseinheit in drei Sequenzen eingeteilt ist. In einer ersten Sequenz erlangen die SuS Vorwissen über Nutzungskonflikte im Tropischen Regenwald, welche die Voraussetzung für die zweite Sequenz darstellen. Diese wird durch die Vorstellung des Advance Organizers eingeleitet. Wie zu Beginn einer handlungsorientierten Lernschleife wird die Basis für das darauffolgende eigenverantwortliche Arbeiten gelegt (MATTES 2011, S.29). Die Vorgehensweise und das Ziel der nächsten Stunden wird den

Lernenden mit einer Powerpointpräsentation transparent dargestellt und führt mit einem anschaulichen Beispiel in die Thematik ein. Dadurch werden der Einbau und die Verankerung der zu behandelnden Lerninhalte ermöglicht (HAUBRICH 2006, S.122). Mit dieser systematischen, unterrichtsstrukturellen Unterstützung im Sinne des Macroscaffoldings erhalten die Lernenden Orientierung und Hilfestellung (SESEMANN 2016, S.10f).

Das Erstellen eines Wertequadrates, wie es VANKAN (2007, S.139) dem Schema von Toulmin vorausstellt, ist in diesem Fall nicht möglich, da die drei Aspekte der Nachhaltigkeit nicht adäquat in das Quadrat zu überführen sind. Das Argumentationsmodell basiert auf Werten, die Entscheidungen beeinflussen. Mit dieser Unterrichtseinheit werden den SuS folglich Normen und Werte vermittelt, sodass mithilfe der angewandten Methode der geographische Wert der Nachhaltigkeit geschult werden soll. Neben diesen Grundsätzen erschien ein Meinungsstrahl als Argumentationshilfe (MAYENFELS u. LÜCKE 2012, S.64) ungeeignet, da es nicht einfach nur um das Für und Wider der Nutzung des Tropischen Regenwaldes geht.

In Form eines Gedankenexperimentes, welches sich als methodische Strukturierungshilfe für ethische Argumentationen eignet (FELZMANN 2011, S.56), wird das Schema von Toulmin in einer handlungsorientierten Lernschleife von den SuS eigenverantwortlich erlernt (MATTES 2011, S.28f). Dies bildet die zweite Sequenz der Unterrichtseinheit. In der eigenverantwortlichen Arbeitsphase ist das Modell „Sieben Schritte zur ethischen Entscheidung" integriert (DULITZ u. KATTMANN 1990), wobei die Reihenfolge der einzelnen Schritte zum Teil vertauscht wurde, da zunächst Normen analysiert und anschließend Werte angesprochen werden. Hinzukommend wird eine weitere Schleife in die handlungsorientierte Lernschleife eingefügt, da sich Phasen des eigenverantwortlichen Arbeitens mit Gruppenarbeiten abwechseln.

Die dritte und abschließende Sequenz stellt die Evaluation dar. Die Lernenden sollen in Einzelarbeit die Aussagen über die Herstellung einer Fairtrade Schokolade mit dem Schema von Toulmin analysieren. Da Norm- und Wertvorstellungen oftmals unbewusst Einfluss nehmen (MEYER u. FELZMANN 2011, S.132), soll ein möglicher Entscheidungswandel bewusst gemacht werden. Dies wird durch ein Meinungsbild zum Kauf von einer preisgünstigeren „normalen" und einer Fairtrade Schokolade vor und nach der Anwendung des Reflexionswerkzeuges umgesetzt.

Die Unterrichtseinheit setzt folgende Leitlinien der Geographiedidaktik um. Dabei entspricht das Sequenzieren der Unterrichtseinheit einer Differenzierung der Anforderung (Leitlinie 6). Einige wichtige objektive Raumkonzepte wurden bereits der Unterrichtseinheit vorgeschaltet, da die SuS auch in Biologie an dem Thema „Tropischer Regenwald und Artenvielfalt" arbeiten. Die Lernenden erlangen in dieser vorgestellten Unterrichtseinheit Vorwissen unter dem Gesichtspunkt der subjektiven Raumkonzepte (Leitlinie 5), die nach JUNKER (2012, S.47) im Unterricht eher selten eingesetzt werden, aber besonders lohnenswert sind. Im Sinne des konkreten, alltäglichen Handelns werden die Lernenden dazu motiviert, nachhaltig produzierte Ware in ihren Einkäufen zu berücksichtigen (MSB SH 2016, S.8f).

Obwohl der Tropische Regenwald zunächst weit entfernt scheint, beeinflusst er das Leben der SuS. Neben gewöhnlichen Alltagsprodukten stammen auch Möbel und Medikamente aus dem Tropischen Regenwald. Zunehmend wird mit nachhaltig zertifizierter Ware in Werbeprospekten geworben, so unter anderem mit Faitrade Schokolade. Somit hat diese Thematik im Sinne Klafkis (HAUBRICH 2006, S.269) nicht nur eine Gegenwarts- und Zukunftsbedeutung, sondern ist sowohl für die Gesellschaft als auch für die Lernenden bedeutsam. Die SuS gehen aus dieser Unterrichtseinheit nicht nur mit einem

Wissen über die Bedeutung von Nachhaltigkeit, sondern auch mit einem Reflexionswerkzeug heraus. Das Argumentationsmodell von Toulmin befähigt die Lernenden, sowohl Produkte als auch Aussagen von Menschen hinsichtlich der zugrundeliegenden Norm und des Wertes zu analysieren.

Die Unterrichtseinheit vermittelt den SuS die Verknüpfung ihrer alltäglichen Entscheidungen und den damit einhergehenden Einfluss auf die Nutzungsformen des Tropischen Regenwaldes (Leitlinie 1).

Das Gedankenexperiment führt in Form eines Fallbeispiels in die Anwendung des Schemas von Toulmin ein, welches jedoch in Zukunft als allgemein anwendbares Reflexionswerkzeug genutzt werden kann (Leitlinie 3).

Die Unterrichtseinheit entspricht insbesondere der zweiten Leitlinie, „Geographieunterricht berücksichtigt in lernerorientierter Weise, wertebezogen [...] und reflektiv Alltags- und Anwendungssituationen von Raumverhalten und raumprägenden Entscheidungen." (MSB SH 2016, S.13). Darauf baut die Hauptintention der Unterrichtseinheit auf, *„Indem die SuS in einer komplexen Entscheidungsaufgabe zur Nutzung eines Stückes Tropischen Regenwaldes das Argumentationsmodell von Toulmin anwenden, um ihre Entscheidungen zu begründen, reflektieren sie den Aufbau von ethischen Argumentationsstrukturen.",* welche die enge Verflechtung der Kompetenzförderung widerspiegelt (vgl. 1.3; Abb.3). Die Hauptintention gilt dann als erreicht, wenn die SuS das Schema von Toulmin vollständig ausfüllen und reflektieren (vgl. Tab.2 Stunde 5.- 7.). Zur Evaluation müssen sich die Lernenden einer weiteren Entscheidungsaufgabe stellen. Dafür wird aus einem vorgegebenen Standpunkt das Schema von Toulmin in Einzelarbeit ausgefüllt. Gelingt den SuS die strukturelle Zuordnung und die Formulierung von Normen und Werten, zeigt sich der Kompetenzzuwachs bezüglich der Argumentationsrezeption und der guten Eignung des Schemas von Toulmin als Reflexionswerkzeug.

Aufgrund der Unbekanntheit von Argumentationsstrukturen, beziehungsweise der unbekannte Einfluss von Normen und Werten in Bezug auf Entscheidungsmöglichkeiten wird von einer Kompetenzerfassung vor der Unterrichtseinheit abgesehen (FELZMANN 2012, S.56). Den Lernenden ist eine solche Struktur nicht bewusst, sodass keine lohnenswerten Ergebnisse zu erheben sind.

2.4 Methodische Überlegungen

Ausgehend von der Lerngruppe und im Hinblick auf die Schwerpunktsetzung, die Förderung der Argumentationsrezeption, werden methodische Entscheidungen getroffen (JUNKER 2012, S.48). Wie der Inhalt verarbeitet und der Lernprozess angeregt werden soll, wird zudem auf die Ziel- und Inhaltsentscheidungen abgestimmt (MEYER 2004, S.82). Aufgrund der bereits dargelegten didaktischen Überlegungen (vgl. 2.3) ergibt sich folgender Unterrichtsgang, der zur Veranschaulichung tabellarisch dargestellt wird.

Tab.2: Sequenzierung der Unterrichtseinheit in drei Phasen und inhaltliche Ausgestaltung (Eigene Darstellung)

Stunde	Phase	Inhalt
1.- 4.	Generierung von Vorwissen	Zur Reduktion der Komplexität und zur Vorbeugung des naturalistischen Fehlschlusses lernen die SuS in einer Lerngeschichte verschiedene Nutzungsformen des Tropischen Regenwaldes kennen.
5.- 7.	Gedankenexperiment	In einem Gedankenexperiment, welches einen komplexen Entscheidungsfall darstellt, erarbeiten sich die SuS selbstständig das Argumentationsmodell von Toulmin. Ablauf: 1. Situation – Urteil 2. Norm 3. Zuordnung

		4. Werte 5. Gesamtes Schema anwenden 6. Reflexion
8.	Kompetenztest und Evaluationsbogen	Anhand einer vorgegebenen Argumentation sollen die SuS in Einzelarbeit das Argumentationsschema von Toulmin anwenden und eine schriftlich begründete Entscheidung unter Verwendung der analysierten Werte formulieren (Kompetenzerhebung).

In den ersten vier Stunden lernen die SuS den Tropischen Regenwald als Ureinwohner zu nutzen (ERNST KLETT VERLAG 2012, S.50f). Ihnen begegnen verschiedene Personen, die auf unterschiedliche Weise im Tropischen Regenwald agieren. Beispielsweise diskutiert ein Plantagenbesitzer (WESTERMANN SCHROEDEL 2010, S.49) mit der Forschungschefin eines Pharmaunternehmens (BMU 2011, S.8) über das Nutzungsrecht einer bestimmten Fläche im Tropischen Regenwald. Dazu werden die Argumentationen in Form eines Lerntempoduettes erarbeitet, um dann in Kleingruppen diese Diskussion in den entsprechenden Rollen durchzuführen. Während dieser Phase werden die Lernenden von ihren Gruppenmitgliedern beobachtet und bekommen anhand eines Beobachtungsbogens Rückmeldung und Verbesserungsvorschläge. Die Ergebnisse der Diskussion sollen die getroffene Schwerpunktsetzung für die Lerngruppe bestätigen.

Wie bereits erläutert, stellen die Vorkenntnisse über verschiedene Nutzungsansprüche die Voraussetzung für ein gelingendes Gedankenexperiment dar (vgl. 2.2 und 2.3), sodass im Folgenden der Fokus auf die Unterrichtsstunden fünf bis acht gelegt wird. Als **Einführung** in die zweite Sequenz der Unterrichtseinheit wird der Lerngruppe ein mit Bildern bespickter Advance Organizer präsentiert, welcher ihnen das Lernziel transparent und den Weg dorthin beispielhaft darstellen soll. Des Weiteren wird „die Relevanz für die Lernenden" hervorgehoben (HAUBRICH 2006, S.122), sodass der Sinn und Zweck des Lernens zum selbstständigen Lernen motiviert. Daran schließt sich die Einleitung des Gedankenexperimentes an. Diese Methode zeichnet sich dadurch aus, dass der Kern eines Problems für SuS leichter zugänglich wird. Dabei wird die inhaltliche Komplexität des Themenfeldes reduziert, um die Zielausrichtung auf die ethische Dimension zu legen. Als Einführung in die fiktive Situation des Gedankenexperimentes dienen Anfangssätze wie „Stell dir vor…", anhand derer eine Entscheidungsfrage formuliert wird. Die Entscheidungsmöglichkeiten geben meist die „Spannbreite möglicher ethischer Positionen" wieder (FELZMANN 2012, S.56), sodass die Zuordnung der Schülerentscheidungen zu den ethischen Fachbegriffen Aufschluss darüber gibt. Folglich wird das Gedankenexperiment als Strukturierungshilfe für ethische Argumentationen genutzt, die nach FELZMANN (2012, S.56) von Lernenden oft schwer erkannt werden. Inbegriffen ist das Schema von Toulmin, mit welchem die ethischen Dimensionen ermittelt werden. Dieses Beispiel erschien mir besonders gelungen für die Förderung der Argumentationsrezeption. Das Gedankenexperiment führt über eine komplexe Entscheidungsaufgabe mit vielfältigen Handlungsoptionen (MSB SH 2016, S.18) das Argumentationsmodell von Toulmin schrittweise ein, sodass die SuS nicht überfordert werden. Zudem kann durch gezielte Veränderungen die Pointierung auf den geographischen Wert der Nachhaltigkeit gelegt werden. Die Lernenden besitzen zum Zeitpunkt des Gedankenexperimentes Vorwissen, sodass die inhaltliche Komplexität reduziert ist. Das Augenmerk liegt daher auf der Anwendung des Schemas von Toulmin und der Nachhaltigkeit. Das für diese Unterrichtseinheit veränderte Gedankenexperiment beginnt mit „Stell dir vor, du bist König(in) mit allumfassender Macht" über ein Stück Tropischer Regenwald. Daran schließen sich Beschreibungen der dortigen Situation an, welche ansatzweise auf die verschiedenen Nutzungsmöglichkeiten hinweisen (vgl. Anhang I). Die Lernenden treffen in ihrer Rolle eine

Entscheidung über die Gestaltung ihres Stückes Land, welche in die beiden ersten Kästchen von Toulmin eingetragen werden. Im vorliegenden Beispiel von FELZMANN (2012, S.63) lernen die SuS diese Struktur erst in einem zweiten Schritt kennen. Durch die veränderten Begrifflichkeiten erachte ich es aber als möglich, die Entscheidung direkt einzutragen. Die Entscheidungsfrage umfasst die verschiedenen Nutzungsformen des Tropischen Regenwaldes, welche den Lernenden bereits bekannt sind (vgl. 2.2 und 2.3). Ihr Vorwissen wird folglich ihre Entscheidung beeinflussen. Damit das Gedankenexperiment und die Reflexion zu Normen und Werten gelingt, muss gewährleistet sein, dass von den SuS unterschiedliche Entscheidungen getroffen werden. „Ist dies nicht der Fall, hat sich das Gedankenexperiment als ungeeignet erwiesen", so FELZMANN (2012, S.57). Während der eigenverantwortlichen Lernzeit besteht die Möglichkeit sich die Entscheidungen der Lernenden anzusehen und gegebenenfalls zu intervenieren.
Die komplexe Entscheidungsaufgabe aktiviert die SuS kognitiv, da es keine eindeutige Lösung gibt und die Entscheidungen individuell und kreativ getroffen werden. Vor Beginn der Aufgabenbearbeitung wird darauf hingewiesen, dass es keine richtige Antwort gibt. Des Weiteren sollen die Lernenden unabhängig von der Lehrkraft und dem Fach eine Entscheidungsmöglichkeit auswählen. Während des Gedankenexperimentes werden die SuS in ihrem individuellen Lerntempo arbeiten. So können beispielsweise weitere Ideen auf der Rückseite des Arbeitsblattes vermerkt werden. Für etwas langsamere Lernenden ist damit genügend Zeit zum Ausfüllen des vorderen Schemas gegeben. Allen wird ein Informationstisch Unterstützung bieten. Dort sind differenzierte Hilfen zu finden, welche von der Auflistung verschiedener Nutzungsformen des Tropischen Regenwaldes über vorgefertigte Standpunkte bis hin zu Argumentationsdominos reichen. Des Weiteren sind auf der Rückseite des Arbeitsblattes Hinweise zum Schema von Toulmin abgedruckt. Die Lernenden haben die Wahl, ob sie die Aufgaben mit einem Partner oder in Einzelarbeit lösen. Alle SuS werden das gleiche Lernprodukt erstellen und im Erfahrungsaustausch eigene Vorstellungen einbringen und reflektieren. Im Fokus steht somit nicht der Inhalt, sondern das Argumentationsmodell.
Daran anschließend findet ein Austausch über die Begründung der eigenen Entscheidung statt, indem sich die Lernenden in Gruppen gleicher Entscheidungen zusammenfinden. Die SuS werden feststellen, dass gleiche Entscheidungen nicht unbedingt auf der Basis gleicher Begründungen getroffen werden (FELZMANN 2012, S.57). Dies wird in einer sich anschließenden Gruppenphase reflektiert werden. Die Reflexion in Gruppen soll zu einem möglichst hohen Redeanteil aller Lernenden führen. Im Plenum werden anschließend beispielhaft Gruppenergebnisse vorgestellt.
In einem nächsten Schritt wird das Argumentationsmodell von Toulmin vervollständigt, indem die Frage nach dem Wert beantwortet wird („Wer oder was ist dir ´wert´-voll?"). Zur Beantwortung wird ein Substantiv auf einen Klebezettel notiert, anhand dessen eine Zuordnung vorgenommen wird. Drei Ecken im Raum werden den drei Aspekten der Nachhaltigkeit zugeordnet, sodass sich die Lernenden im Folgenden aktiv in eine dieser Ecken stellen sollen. In der Mitte wird ein großes Nachhaltigkeitsdreieck zur Visualisierung ausliegen (vgl. Anhang II). Diese aktivierende Sozialform soll veranschaulichen, dass Werte auf Normen basieren und individuell getroffen werden. Die persönliche Gewichtung der Werte, welche anhand der drei Aspekte der Nachhaltigkeit vollzogen werden, schließt die Doppelstunde zum Gedankenexperiment ab. Als Sicherung des zu bestimmenden Wertes wird der Klebezettel auf das Arbeitsblatt geklebt, da als Hausaufgabe das Ergebnis der Stunde vollständig gesichert und wiederholt wird. Zudem enthält die Hausaufgabe Reflexionsaufgaben, welche in der nächsten Geographiestunde aufgegriffen werden. Die Lernenden erhalten dadurch die Möglichkeit sich selbst intensiv mit der Bedeutung einer subjektiven Werteordnung und der Nachhaltigkeit zu beschäftigen. Des Weiteren wird die Hausaufgabe als Zwischenerhebung dienen, um das erworbene

Verständnis der SuS über die entscheidungsbeeinflussende Bedeutung von Normen und Werten zu evaluieren.

Zu Beginn der zweiten Doppelstunde werden die Begrifflichkeiten der letzten Stunde in Form einer Zuordnungsaufgabe am Smartboard wiederholt. Dazu müssen die SuS den Begriffen „Norm" und „Wert" deren Bedeutung und Beispiele zuordnen. So finden sich die Lernenden wieder in die Fachbegriffe des Schemas von Toulmin ein. Zudem besteht für SuS, die in der letzten Stunde gefehlt haben, die Möglichkeit, mit den Begrifflichkeiten umgehen zu lernen. Anschließend werden im Plenum einige Ergebnisse der Hausaufgabe vorgetragen. Dies soll zur Bereicherung und zur Erweiterung des eigenen Denkens beitragen, denn die Aufgaben lassen individuelle Antworten und Lösungsvorschläge zu. Die Besprechung endet mit der Thematisierung der Nachhaltigkeit, welche zur Definition derselben überleitet und den inhaltlichen Abschluss der Unterrichtseinheit bildet. Die Definition schließt an das vorangegangene Nachhaltigkeitsdreieck an, sodass an das Vorwissen der Lernenden angeknüpft wird. Die im Heft gesicherte Definition der Nachhaltigkeit kann von den SuS in den folgenden Stunden als Hilfe hinzugezogen werden.

Als Überleitung zur Kompetenzerhebung wird eine nachhaltige Nutzungsform an einem Beispiel veranschaulicht. In Form von Bildern werden den Lernenden verschiedene Schokoladen und ihre Preise präsentiert. Daraufhin geben sie ein erstes Meinungsbild zum Kauf einer günstigen oder einer höherpreisigen Fairtrade Schokolade ab. Im Anschluss wird eine vorformulierte Aussage eines Fairtrade Schokoladenunternehmers analysiert und in das Schema von Toulmin überführt. Die SuS werden diese Aufgabe in Einzelarbeit bearbeiten, können jedoch Argumentationsdominos als Hilfe hinzuziehen. Dies wird Aufschluss über den Kompetenzerwerb bezüglich der Argumentationsrezeption in Form des Argumentationsmodells von Toulmin geben. Das Arbeitsblatt für den Kompetenztest bildet auf der Rückseite einen Bewertungsstrahl zur Nachhaltigkeit der Fairtrade Schokolade ab, auf welchem die Umsetzung des Wertes gewichtet wird. Abschließend werden die Lernenden zu einer schriftlich begründeten Entscheidung zum Kauf einer günstigen oder einer Fairtrade Schokolade aufgefordert. Als Hilfen stehen ihnen die zuvor angefertigte Definition von Nachhaltigkeit und der Hinweis, auf die analysierten Werte einzugehen, zur Verfügung.

Zuletzt wird die Leitfrage, inwiefern das Argumentationsmodell von Toulmin zur Reflektion von Argumentationsstrukturen beiträgt, mit Hilfe eines Evaluationsbogens beantwortet.

3. Evaluation und persönliches Resümee

In diesem Kapitel geht es um die Erhebung der dargestellten Unterrichtseinheit und eine persönliche Schlussfolgerung gehen. Dazu werden zunächst die angewandten Evaluationsverfahren (3.1), deren Ergebnisse (3.2) und einige ausgewählte Unterrichtsbeispiele vorgestellt. Daraufhin werden die Ergebnisse mit der Zielvorstellung und der Leitfrage in Beziehung gesetzt. Das Kapitel wird mit einem Resümee abschließen.

3.1 Angewandte Evaluationsverfahren

Vor der anstehenden Unterrichtseinheit wurden Beobachtungen zur Kommunikationskompetenz der Lerngruppe gemacht, welche dazu anhielten, die Lernenden in einem nächsten Schritt darin zu schulen. Da sie geringe Kompetenzen in der Formulierung von Argumenten vorwiesen und den geographischen Wert der Nachhaltigkeit noch nicht kannten, erschien dies durch die in den Fachanforderungen vorgegebene Unterrichtsthematik gut umsetzbar (vgl. 2.2). Eine in die erste Unterrichtssequenz eingebaute beobachtende Diskussion bestätigte diese Beobachtung.

Um die Leitfrage und die Zielvorstellung zu evaluieren, wurden Evaluationsverfahren im Verlauf und am Ende der Unterrichtseinheit angesetzt. Hierbei wurde von einer anfänglichen Kompetenzerhebung abgesehen, da die Lerngruppe über keine relevanten Informationen zu Argumentationsstrukturen und dem geographischen Wert der Nachhaltigkeit verfügt (FELZMANN 2012, S.56). Vielmehr sollen die SuS gerade diese Kompetenzen erst erwerben, sodass im Verlauf und zum Abschluss der Unterrichtseinheit eine Kompetenzerhebung stattfinden kann. Das Bewusstsein über Argumentationsstrukturen spiegelt das Anwenden des Argumentationsmodells von Toulmin wider.

Während der Unterrichtseinheit werden Informationen über die Arbeitsweisen der Lernenden und über die Verwendung der Hilfsmittel gesammelt. Zudem werden die Motivation und die Ergebnisse der SuS während des Gedankenexperimentes und der Reflexionsphasen beobachtet. Dies wird einen entscheidenden Hinweis liefern, ob sich die Einführung des Argumentationsmodells mit der Methode des Gedankenexperimentes lohnt und ob die Reflexion darüber altersangemessen und erkenntnisbringend ist. Zudem erhalten die SuS nach der ersten Doppelstunde zum Gedankenexperiment eine sichernde und wiederholende Hausaufgabe, anhand derer die Anwendung des Schemas von Toulmin überprüft wird. Des Weiteren sind Reflexionsaufgaben zu bearbeiten, welche einen Einblick in das Verständnis der Metareflexion und zum Wert der Nachhaltigkeit geben werden.

Abschließend wenden die SuS ihre erworbenen Kompetenzen in einem Test an, indem das Argumentationsmodell zu einer nachhaltigen Nutzungsform des Tropischen Regenwaldes ausgefüllt und eine begründete Entscheidung unter Hinzuziehung der ermittelten Werte zu dem Kauf einer günstigen oder einer Fairtrade Schokolade angefertigt wird. Ein vorangegangenes Meinungsbild zur Kaufentscheidung im Vergleich zu einem Meinungsbild nach der Anwendung des Reflexionswerkzeuges wird einen möglichen Entscheidungswandel durch die Bewusstmachung der Werte verdeutlichen (vgl. 2.3).

Die Unterrichteinheit wird mit einem Evaluationsbogen bezüglich des Schülerinteresses, der Argumentationsrezeption, der Reflexionsfähigkeit, des Fachwissens und der methodischen Umsetzung in Form von geschlossenen als auch offenen Fragen erhoben. Es bestehen Ankreuzmöglichkeiten in vier Bereichen, die „Trifft voll zu" bis „Trifft nicht zu" umfassen. Somit werden neutrale Antwortmöglichkeiten vermieden und eine Tendenz zu einer Seite eingefordert. Die offenen Fragen sind in Form von angefangenen Sätzen zu vollenden. Anhand dessen kann abgeleitet werden, was für die Lernenden besonders hilfreich war, was sie nun besser können und welche Änderungen vorgenommen werden sollten.

Tab.3: Ablauf der Evaluationsverfahren (Eigene Darstellung)

Zeitlicher Verlauf	Evaluationsverfahren
Vor der Unterrichtseinheit	Beobachtungen der Lehrkraft
Im Verlauf der ersten Sequenz	Beobachtende Diskussion
Im Verlauf der zweiten Sequenz	Unterrichtsbeobachtungen durch die Lehrkraft Hausaufgabe mit Reflexionsaufgaben
Im Verlauf der dritten Sequenz	Meinungsstrahl vor- und hinterher Kompetenzerhebung in Form eines Kompetenztests
Am Ende der Unterrichtseinheit	Evaluationsbogen

3.2 Ergebnisse der angewandten Evaluationsverfahren

3.2.1 Im Verlauf der zweiten Sequenz

Zu Beginn der zweiten Sequenz wurde der Lerngruppe mittels einer Powerpointpräsentation das Ziel und der Weg dorthin erläutert. Mit Hilfe von Bildern und Animationen verdeutlichte dieser Advance Organizer die Bedeutung des Reflexionswerkzeuges anhand eines Beispiels. Der Präsentation folgten alle SuS sehr interessiert. Besonders der visualisierte Ablauf der folgenden Stunden gab Anlass, neugierige Rückfragen zu stellen. Dies weist auf die Bedeutsamkeit einer solchen Zieltransparenz für die Lernenden hin. Das sich anschließende Gedankenexperiment stieß auf Begeisterung. Besonders erfreute die SuS, dass es keine richtigen oder falschen Entscheidungen gab. Der Hinweis, dass sie nicht nach den Vorstellungen der Lehrkraft entscheiden sollten, motivierte einige zusätzlich. Dennoch wurden zu Beginn Anlaufschwierigkeiten festgestellt. Einige Nachfragen bezogen sich auf das Kästchen „Situation". Um allen Lernenden den Einstieg in die Anwendung des Reflexionswerkzeuges gleichermaßen zu ermöglichen, wurde die Arbeitsphase zur Klärung kurz unterbrochen.

Im individuellen Lerntempo gelang es dann jedem Lernenden eine begründete Entscheidung mit dem Schema von Toulmin zu erstellen. Leistungsstarke SuS nutzten die Rückseite des Arbeitsblattes, während Langsamere weiterhin mit der Vorderseite beschäftigt waren. Trotz der Differenzierung anhand von Zusatzaufgaben, ebbte die motivierte Aufgabenbearbeitung nicht ab und es entstanden viele kreative Entscheidungen. Die Ergebnisse der Lerngruppe wiesen jedoch teilweise unverhältnismäßige Vorstellungen auf, die beispielsweise die Höhe der Geldeinnahmen durch gewisse Nutzungsformen betrafen. Möglicherweise kann dies durch eine vorangehende Argumentationsanalyse vorgefertigter Standpunkte vermieden werden.

Zusätzliche Hilfekarten wurden in dieser Phase wenig bis gar nicht genutzt, dabei konnten alle SuS mit wenig Aufwand darauf zurückgreifen. Es zahlte sich aus, dass besonders wichtige Hinweise auf der Rückseite des Arbeitsblattes abgedruckt waren.

Während der sich anschließenden Gruppenphase stellten die Lernenden sich mit überwiegend großer Motivation ihre begründeten Entscheidungen gegenseitig vor. Hierbei ist festzuhalten, dass es tatsächlich gelang, verschiedene Entscheidungen zu erhalten. Der naturalistische Fehlschluss traf nicht ein. Dies bestätigt die Sinnhaftigkeit der Einführung verschiedener Nutzungsformen vor dem eigentlichen Gedankenexperiment (vgl. 2.2).

Die in den Gruppen zu besprechenden Reflexionsfragen führten zu einem intensiven Austausch, zu welchem die meisten Mitglieder ihren Beitrag leisteten. Hierbei ist auf eine Gruppengröße von vier bis fünf SuS zu achten, damit alle beschäftigt und kognitiv aktiviert sind. Schülerzitate wie „Geld als Grundlage für die menschliche Versorgung und den Naturschutz" zu erwirtschaften, lassen darauf schließen, dass ein Verständnis darüber besteht, dass Entscheidungen aufgrund von Normen gefällt werden. Andere Formulierungen wie, „Wir haben das gleiche Ziel, nämlich Geld zu bekommen. Aber wir setzen das eben unterschiedlich um.", spiegeln das Verständnis wider, dass unter anderem verschiedene Entscheidungen auf Basis gleicher Normen getroffen werden. Dies lässt darauf schließen, dass sich eine vorläufige, zeitnahe Reflexion über das Verständnis von Normen und dessen Einfluss auf Entscheidungen lohnt.

In einer nächsten Phase sollten die Werte hinter den Normen analysiert und den drei Aspekten des Nachhaltigkeitsdreiecks zugeordnet werden. Den Lernenden lag in dieser Phase noch nicht die Definition der Nachhaltigkeit vor, sodass sie sich nach der Frage „Wer oder was ist ´wert´-voll?" im eigenen Ermessen den einzelnen Aspekten zuordneten. Mit der Zuordnung bildeten sich teilweise neue Gruppenzusammensetzungen.

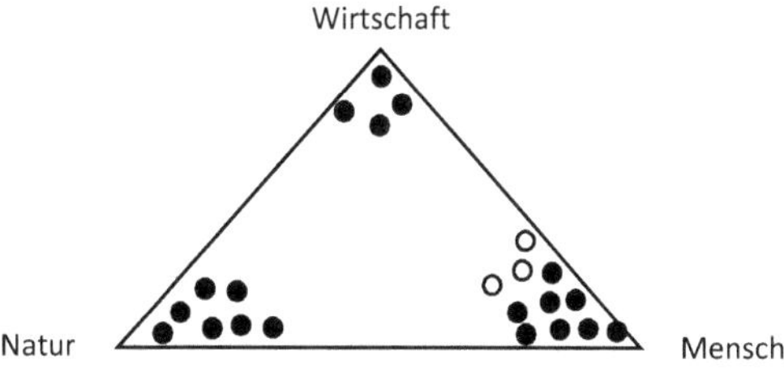

Abb.6: Verteilung der Lernenden hinsichtlich ihrer Wertzuschreibung zu einem der drei Aspekte der Nachhaltigkeit (Lernende werden hier in Form eines Punktes dargestellt. Unausgefüllte Punkte stellen den Wechsel von einer eher wirtschaftlichen Entscheidung zu einer Entscheidung für den Menschen dar).

Zum einen lässt das Ergebnis erkennen, dass gleiche Entscheidungen aus unterschiedlichen Werten getroffen werden können. Zum anderen verdeutlicht die Zuteilung, dass eine enge Verknüpfung zwischen den Aspekten Wirtschaft und Mensch besteht. Die Unterscheidung beider Aspekte fällt den Lernenden schwer (vgl. Anhang III).

Die Reflexion über die individuelle Gewichtung und die Zuordnung zu den drei Aspekten der Nachhaltigkeit fand am Ende der Doppelstunde statt, sodass die Lerngruppe eher unaufmerksam folgte. Zwei mögliche Gründe können dafür angeführt werden. Die Unaufmerksamkeit kann einerseits auf das bevorstehende Wochenende oder andererseits auf eine altersunangemessene Reflexion zurückgeführt werden. Die Hausaufgabe wird darüber Aufschluss geben, da die Lernenden neben der Sicherung des vollständigen Argumentationsmodells auch Aufgaben zur Reflexion bearbeiteten.

Zur Auswertung der Hausaufgabe wurden die dargelegten Kriterien der Satzformulierung (Norm), der Wertzuordnung und der Passung von Entscheidung und Begründung angewandt (vgl. Anhang I). Die Argumentationsstruktur wurde von etwas mehr als der Hälfte der Klasse gut bis sehr gut ausgefüllt (vgl. Anhang IV). Dies entspricht ungefähr den Leistungen der SuS im vorangegangenen Unterricht, wobei einige schwächere Lernende hierbei eine bessere Note erlangten. Nur zwei SuS erbrachten mangelhafte Leistungen. Zur Benotung wurden

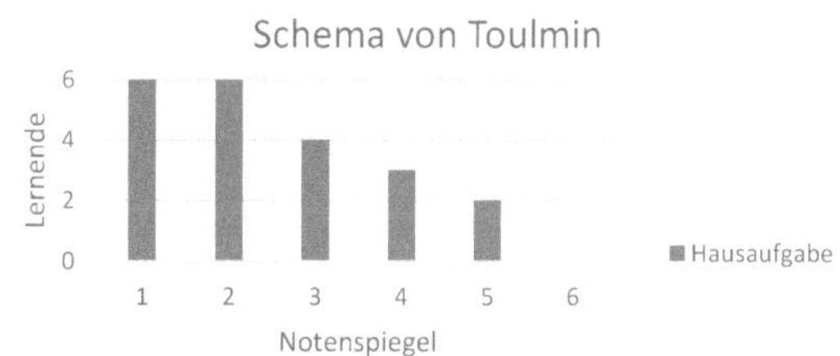

Abb.7: Bewertung der Anwendung des Schemas von Toulmin als Hausaufgabe (n= 21).

Die Reflexionsaufgaben wiesen jedoch auf Verständnisschwierigkeiten bezüglich des Begriffes „Wert" hin. So wurde zur Beantwortung der Aufgabe, „Erkläre, woran es liegen könnte, dass du manche Entscheidungen nicht nachvollziehen kannst.", nicht auf unterschiedliche Werte verwiesen, sondern Formulierungen herangezogen wie beispielsweise „anders betrachten", „Empfindungen", „verfolgtes Ziel", „Gefühle", „Interessen", „Hintergrundwissen" (vgl. Anhang V). Dies spiegelt die im Biologiemodul gezeigte Abbildung über die Einflussnahme verschiedener Faktoren auf Schülerentscheidungen wider.

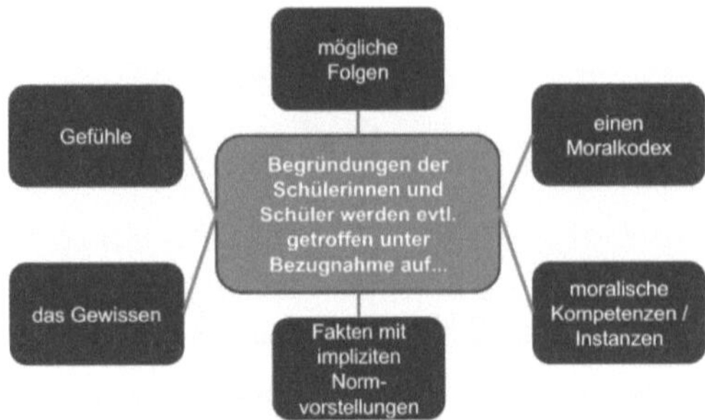

Abb.8: Einflussreiche Faktoren zur Begründung von Schülerentscheidungen (SCHLIEKER 2016)

Sechs Lernende gaben unschlüssige Antworten oder nannten ausschließlich Beispiele, anhand derer nicht auf das individuell erworbene Wissen geschlossen werden konnte. Dabei handelt es sich um SuS mit unterschiedlichem Leistungsvermögen. Daraus lässt sich erkennen, dass die Thematik der Lerngruppe zum einen Schwierigkeiten bereitet und zum anderen eine Doppelstunde zur Ergründung der Bedeutung von Werten in Bezug auf Entscheidungen nicht ausreicht.

Die Hausaufgaben lassen folglich darauf schließen, dass sich das Argumentationsmodell von Toulmin, aufgrund der vielen guten bis sehr guten Ergebnisse, für eine siebte Klasse eignet. Lediglich die metareflexiven Erkenntnisse zu Normen und Werten konnten von den SuS nicht präzise formuliert werden. Das Aufstellen in die Ecken in Anlehnung an das Nachhaltigkeitsdreieck hat das Verständnis bezüglich der veränderten Werte nicht verdeutlicht, dennoch kann es zur Veranschaulichung von Nachhaltigkeit beigetragen haben. Dies wird zum Ende der Unterrichtseinheit anhand des Evaluationsbogens erhoben. In der darauffolgenden Doppelstunde wiederholte die Lerngruppe mithilfe einer Zuordnungsaufgabe die Bedeutung von Normen und Werten. Zudem wurde Nachhaltigkeit definiert und die Unterscheidung der Aspekte Wirtschaft und Mensch thematisiert. Dies führte zu einem verständnisvolleren Umgang mit den Begriffen während der Besprechung der Reflexionsaufgaben. Eine leistungsschwächere Schülerin äußerte in diesem Zusammenhang: „Da hab ich wohl unbewusst entschieden. Das [Schema von Toulmin] hat mir jetzt bewusst gemacht, dass mir anscheinend Natur wichtig ist und meine Entscheidungen beeinflusst." Dieses Schülerzitat stellt heraus, dass sich unabhängig von den Reflexionsaufgaben mithilfe des Reflexionswerkzeuges etwas im Bewusstsein der Lernenden verändert hat.

Zur Bedeutung von Nachhaltigkeit äußerten in der Hausaufgabe viele SuS, dass dies sehr nützlich, jedoch schwierig umzusetzen sei. Umso wichtiger ist es der Lerngruppe, nachhaltige Handlungsoptionen vorzustellen und diese zu analysieren. Der sich anschließende Kompetenztest füllt dahingehend Wissenslücken.

3.2.2 Im Verlauf der dritten Sequenz

Die Präsentation der Schokolade und die anstehende Entscheidungsaufgabe verfolgten alle SuS mit voller Aufmerksamkeit. Um den Lernenden einen möglichen Entscheidungswandel durch die Bewusstmachung der Werte zu verdeutlichen, gaben sie vor und nach der Analyse ihre Kaufentscheidung durch Meldungen ab. Mithilfe des Reflexionswerkzeuges von Toulmin wurde der zugrundeliegende Wert anhand der vorgegebenen Aussage eines Fairtrade Schokoladenunternehmers analysiert (vgl. Anhang VI). Allen Lernenden gelang es, den Wert der Nachhaltigkeit zu entschlüsseln und die Fairtrade Schokolade als nachhaltig zu bewerten. Das zweite Meinungsbild wich nach Anwendung des

Argumentationsmodells von Toulmin vom ersten Meinungsbild ab (vgl. Abb.9). Die meisten SuS begründeten ihre veränderte Entscheidung mit dem analysierten Wert der Nachhaltigkeit, welcher stärker ins Gewicht fiel als der Kauf einer günstigen Schokolade.

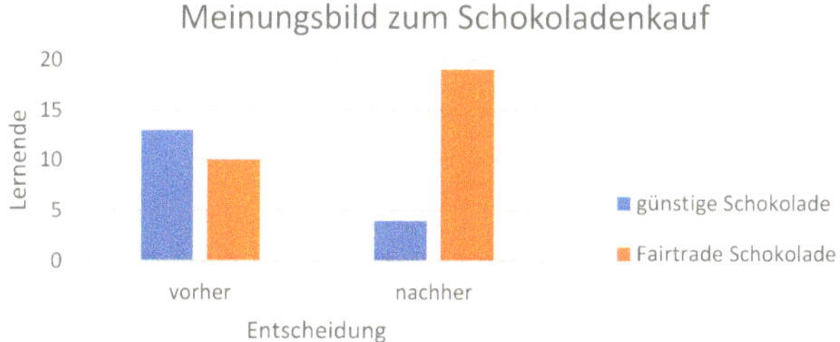

Abb.9: Schülerentscheidungen vor und nach der Anwendung des Schemas von Toulmin.

Dieses Ergebnis verdeutlicht, dass die Reflexion über Werte Entscheidungen beeinflusst. Insbesondere zeigt das Ergebnis, dass anhand des Argumentationsmodells von Toulmin in Kombination mit dem Wert der Nachhaltigkeit auf die Handlungsbereitschaft der SuS Einfluss genommen wurde.
Zur Lösung der Aufgabe wurden die ausliegenden Argumentationsdominos genutzt, was auf Unsicherheiten in Bezug auf die drei Nachhaltigkeitsaspekte und die Anwendung des Schemas von Toulmin hinweist.
Die Auswertung der Argumentationsstruktur ergab im Vergleich zur Hausaufgabe folgendes Ergebnis.

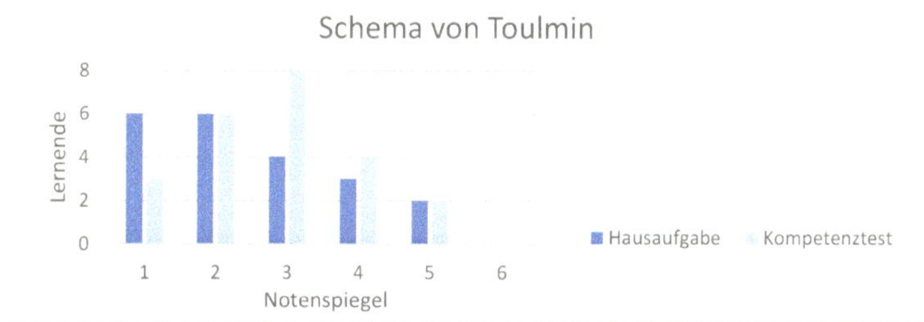

Abb.10: Bewertung der Anwendung des Schemas von Toulmin in der Hausaufgabe im Vergleich zum Kompetenztest (Hausaufgabe n= 21; Kompetenztest n= 23).

Beim Vergleich der Ergebnisse zu den Argumentationsstrukturen muss beachtet werden, dass drei SuS mehrere Wochen fehlten und somit nicht über das Wissen zum Ausfüllen des Schemas von Toulmin verfügten. So zeigten sich mangelhafte Ergebnisse in Bezug auf die Normformulierungen. Der zur Entscheidung gehörende Wert wurde jedoch überwiegend passend genannt. Mit Hilfe des Argumentationsdominos konnte einer dieser Schüler ein gutes Ergebnis erreichen. Die Auflistung der drei Aspekte unter Hinzuziehung des Wertes der Nachhaltigkeit fiel einigen Lernenden schwer. Daraus lässt sich schließen, dass das Argumentationsmodell von Toulmin länger eingeübt und angewendet werden muss als vorgesehen. Erst nach einigen Übungsstunden sollte Nachhaltigkeit als Wert eingeführt werden, da dieser in seiner Mehrdimensionalität für SuS einer 7. Klasse herausfordernd ist.

Zwei Schüler füllten die Argumentationsstruktur unzureichend aus, da sie nicht die Fairtrade Schokolade analysierten, sondern eher mangelhaft ihre eigene Meinung. Wohingegen ein Schüler seine Kaufentscheidung direkt mit dem zugrunde liegenden Wert begründete: „Ich kaufe die Teure, aber nicht aus moralischen Gründen, sonder[n] Geschmack.". Viele Lernende erwähnten bereits in dem Kästchen „Entscheidung" ihren entscheidungsbeeinflussenden Wert (vgl. Anhang VII). Anhand der schriftlich begründeten Entscheidungen lässt sich feststellen, dass etwa die Hälfte der Lerngruppe eine nachvollziehbare Entscheidung formulierte. Dabei beschrieben acht SuS nicht nur alle drei Aspekte der Nachhaltigkeit, sondern bauten in ihre Begründung auch den Begriff der Nachhaltigkeit ein. Dieses Ergebnis zeigt, dass mit Hilfe unterstützender Hinweise das Argumentationsmodell von Toulmin verschriftlicht werden konnte (vgl. Anhang VIII).

3.2.3 Am Ende der Unterrichtseinheit

Mit Hilfe des Evaluationsbogens sollen Schlüsse gezogen werden, was für die Lernenden hilfreich war, was sie an Kompetenzen erlangt haben und was verändert werden sollte. Die Ergebnisse der zu bewertenden Items werden gegebenenfalls zusammengefasst, um eine bedeutendere Aussage über die Tendenz der Lerngruppe ziehen zu können. Dagegen werden Ergebnisse in „eher" und „voll" ausdifferenziert, wenn es für dieses Item wichtig erscheint. Im Anhang können dem ausgewerteten Evaluationsbogen die Bewertungen der Lerngruppe entnommen werden (vgl. Anhang IX). Der Evaluationsbogen wurde von 25 SuS ausgefüllt.

Zunächst lässt sich festhalten, dass die Lerngruppe eher an Geographie, am Tropischen Regenwald und dem menschlichen Einfluss daran interessiert ist. Nachhaltigkeit ist zwölf Lernenden voll und neun Lernenden eher wichtig geworden. 21 Lernende wollen diesen Wert auch in Entscheidungssituationen berücksichtigen. Dies weist auf den Einfluss der Unterrichtseinheit hinsichtlich des Erwerbes von Handlungskompetenzen hin und stellt somit die Vernetzung der Kompetenzen untereinander deutlich heraus.
Bezüglich der Items 7-9 zur Argumentationsrezeption (vgl. Anhang IX) gaben mehr als 17 SuS an, Aussagen besser entschlüsseln, den Wert dahinter analysieren und andere Meinungen besser verstehen zu können. Dies bestätigt Item 14, welches auf die Bewertungskompetenz hinsichtlich des Wertes der Nachhaltigkeit eingeht.

Tab.4: Item 14 Bewertungskompetenz

		☹ Trifft nicht zu	😐 Trifft eher nicht zu	☺ Trifft eher zu	😀 Trifft voll zu
14.	Ich kann jetzt besser Situationen auf ihre Nachhaltigkeit bewerten.	1	2	8	13

Dieses Ergebnis spiegelt den engen Zusammenhang zwischen dem Kompetenzerwerb im Bereich der Argumentationsrezeption und der Bewertung wider, welcher aus der Verknüpfung des Argumentationsmodells von Toulmin mit dem Wert der Nachhaltigkeit herrührt.
Trotz dass die Lernenden in der Hausaufgabe den Einfluss von Werten teilweise nicht explizit nannten (vgl. 3.2.1), geben 13 SuS an, dass sie jetzt besser verstehen, warum manche keine Lösung für Probleme finden. Zudem hat die Reflexion über Werte 20 SuS zum Verständnis von Entscheidungen geholfen (sieben „Trifft eher zu", 13 „Trifft voll zu"). Diesbezüglich hilft das Schema von Toulmin 19 Lernenden beim Nachdenken über Meinungen. Hierbei steht der für die SuS gewählte Begriff des Nachdenkens für Reflexion. Dieses Item bestätigt die gute bis sehr gute Eignung des Argumentationsmodells von Toulmin als Reflexionswerkzeug.

Bezüglich methodischer Entscheidungen kann festgehalten werden, dass sich das Gedankenexperiment für 18 SuS als hilfreich für das Erlernen des Schemas von Toulmin erwies. Die Argumentationsdominos wurde dagegen von 18 SuS eher nicht genutzt. Das Vorwissen aus der ersten Sequenz der Unterrichtseinheit hat 19 Lernenden, davon 13 eher und 6 voll zutreffend, bei der Entscheidungsfindung im Gedankenexperiment geholfen, welches 20 SuS eher nicht durch vorgegebene Meinungen ersetzen würden. Das Aufstellen nach dem Nachhaltigkeitsdreieck in die drei Ecken wurde von 21 Lernenden als eher hilfreich bewertet. 18 SuS hat die Wiederholung zu den Begrifflichkeiten zu Beginn der zweiten Doppelstunde eher geholfen, Normen und Werte zu verstehen.

Die Ergebnisse aus den offenen Fragen ergeben ein ähnliches Bild. Besonders oft wurde hierbei die Powerpointpräsentation als Advance Organizer erwähnt, welcher für die Lernenden hilfreich und motivierend war. Der Einsatz führte zu einem besseren Verständnis und sorgte für Zieltransparenz. Die meisten SuS nannten auch das Gedankenexperiment als motivierend und hilfreich, um das Schema von Toulmin zu verstehen. Besonders hervorgehoben wurde die Entscheidungsfreiheit. Dennoch wurde sowohl das Gedankenexperiment als auch das Argumentationsmodell bei der Frage nach Schwierigkeiten erwähnt. Einigen Lernenden gefiel das Argumentationsmodell von Toulmin besonders gut und sie erachteten dies als hilfreich. Es fiel ihnen jedoch schwer, mit Begriffen wie Wert umzugehen und die Reflexionsfragen zu beantworten. Andere erwähnten, dass die Besprechung (Reflexion) als hilfreich empfunden wurde, sowie die Zuordnung zu den drei Aspekten der Nachhaltigkeit. Dabei bestätigte sich die unter 3.2.1 erwähnte Aufstellung in drei Ecken als für die SuS hilfreich. Die Lernenden schlugen zur Veränderung vor, zunächst mehrere Beispiele ausgefüllter Argumentationsstrukturen zu besprechen und verschiedene Meinungen zu analysieren.

Die Ergebnisse des Evaluationsbogens sollen mit folgendem Schülerzitat abgerundet werden, welches auch andere Lehrkräfte dazu motivieren soll, sich immer wieder die Meinungen und Einschätzungen der Lernenden einzuholen.

„Das kann man öfter machen. Das ist gut.“

3.3 Überprüfung der Evaluationsergebnisse in Bezug auf die Zielvorstellung und die Leitfrage

Die dargelegten Ergebnisse der Evaluationsverfahren sollen im Folgenden in Beziehung zur Zielvorstellung und der Leitfrage gesetzt werden. Die Argumentationsrezeption der Lerngruppe zu fördern, um einen Beitrag zur Bildung für nachhaltige Entwicklung zu leisten, wurde in dieser Unterrichtseinheit mit Hilfe der Methode des Gedankenexperimentes durch die schrittweise Anwendung des Argumentationsmodells von Toulmin umgesetzt. Bereits die Hausaufgabe lässt erkennen, dass es den Lernenden gelang mithilfe des Schemas von Toulmin Argumentationsstrukturen zu reflektieren und damit den Wert hinter Entscheidungen zu entschlüsseln. Die Schülerleistungen fielen diesbezüglich jedoch recht unterschiedlich aus, was sich im Kompetenztest (vgl. 3.2.2) widerspiegelte. Sehr guten SuS gelang die Anwendung und Reflexion des Argumentationsmodells vollständig, andere wiesen lückenhafte Ergebnisse auf, welche jedoch durch eine längere Übungszeit geschlossen werden können. Somit gilt die Hauptintention, *„Indem die SuS in einer komplexen Entscheidungsaufgabe zur Nutzung eines Stückes Tropischen Regenwaldes das Argumentationsmodell von Toulmin anwenden, um ihre Entscheidungen zu begründen, reflektieren sie den Aufbau von ethischen Argumentationsstrukturen.“* als erreicht. Die Items 7-9 des Evaluationsbogens bestätigen den Kompetenzerwerb hinsichtlich der Argumentationsrezeption.

Bezüglich der Leitfrage *„Inwiefern trägt das Argumentationsmodell von Toulmin als Reflexionswerkzeug von Argumentationsstrukturen bei?"*, kann sowohl auf der Grundlage der Hausaufgabe, des Kompetenztestes als auch anhand des Evaluationsbogens festgehalten werden, dass überwiegend gute bis sehr gute Argumentationen von den Lernenden erstellt und dies als hilf- und aufschlussreich empfunden wurde (vgl. 3.2.3). Insbesondere die Schüleräußerungen zu der Einflussnahme von Normen auf Entscheidungen (vgl. 3.2.1) und die gewonnene Erkenntnis über die Einflussnahme von Werten mittels des Schemas von Toulmin (vgl. 3.2.2) verdeutlichen den Kompetenzerwerb der SuS. Trotz der abstrakten Begrifflichkeiten und Unsicherheiten in der Analyse der Nachhaltigkeit konnte positiv Einfluss auf die potenzielle Fähigkeit, in konkreten Handlungsfeldern nachhaltig tätig zu werden, genommen werden (vgl. 3.2.2, 3.2.3; MSB SH 2015, S.18). Mehr als die Hälfte der Lerngruppe gibt an, dass ihnen Nachhaltigkeit als Wert wichtig geworden sei und sie daran interessiert seien, nachhaltige Entscheidungen zu treffen (vgl. Item 4- 6 Anhang IX). Dies spiegelt die enge Vernetzung und den Einfluss der Förderung von Argumentationsrezeption als Kommunikationskompetenz auf die Handlungskompetenz wider (vgl. 1.3). Des Weiteren hat die Reflexion von Werten durch die Anwendung des Schemas von Toulmin einen Einfluss auf die Bewertungskompetenz, da 20 SuS im Evaluationsbogen angegeben haben, nun besser bewerten zu können (vgl. 1.3; vgl. 11, 14 Anhang IX). Da dieses Argumentationsmodell die Argumentationsrezeption als methodisches Werkzeug fördert, erwerben die Lernenden im Zusammenhang mit dem Gedankenexperiment Kompetenzen hinsichtlich der Auswertung von Informationen. Des Weiteren erlernten die SuS Wissen über das Zusammenspiel von Mensch, Natur und Wirtschaft im Tropischen Regenwald, welches ihnen zukünftige nachhaltige und lokale Handlungsmöglichkeiten eröffnet (vgl. 1.3).

Hinsichtlich der Unterrichtsgestaltung lassen sich folgende Feststellungen treffen: Die vorgeschaltete Sequenz zur Generierung von Vorwissen bestätigte sich laut Schüleräußerungen als geeignet, um das Gedankenexperiment durchzuführen. Jedoch kollidiert dies mit dem Wunsch zum Ausbau der Übungszeit für das Argumentationsmodell. Das Gedankenexperiment erwies sich, sowohl in meinen Beobachtungen als auch bezüglich der Angaben im Evaluationsbogen, als motivierend und hilfreich, um das Argumentationsmodell von Toulmin einzuführen. Hierbei ist anzumerken, dass die freie Entscheidungsmöglichkeit von den Lernenden als motivierend angeben wurde. Jedoch stellte die SuS eine sofortige Formulierung ihrer Entscheidung in Form dieser Argumentationsstruktur vor Schwierigkeiten. Die Abwechslung zwischen Einzelarbeits- und Gruppenarbeitsphasen erwies sich als hilfreich und bereichernd. Besonders das Reflektieren in Kleingruppen regte zum intensiven Austausch und Verständnis an (vgl. 3.2.1; 3.2.3). Dabei müssen die Begrifflichkeiten für SuS der 7. Klasse im Vorhinein eingeübt werden. Als besonders erfolgreich ist der Advance Organizer anzuführen, welcher nicht nur als Motivator fungierte, sondern das Ziel und den Ablauf transparent darstellte.

3.4 Schlussfolgerung für eine erneute Umsetzung und Resümee

Einige empirische Studien der naturwissenschaftlichen Fachdidaktiken belegen den bedeutsamen Einfluss von Argumentationen für den Lernerfolg und die individuelle Konstruktion von Wissen. Durch Argumentation wird die Verknüpfung von Vorwissen mit neuem Wissen unter Abwägung und Einschätzung alter und neuer Erkenntnisse besonders gut gefördert und entspricht somit nach aktuellen Lerntheorien einem konstruktiven Prozess des Wissenserwerbes. Vor dem Hintergrund einer schnelllebigen Gesellschaft mit einem exponentiellen Zuwachs an zu treffenden Entscheidungen, lernten die SuS Argumentationen zu reflektieren und ihre Meinungen zu strukturieren (BUDKE 2012, S.14). Der Kompetenzerwerb im Bereich der Argumentationsrezeption, das Entschlüsseln, Verstehen und Bewerten von Argumentationen, befähigt sie, sich eine eigene, reflektierte Meinung zu bilden und sich somit werteorientiert sach- und fachlich in Bezug auf gesellschaftlich relevante Kernprobleme zu entscheiden (MSB SH 2015, S.18). Diese Unterrichtseinheit bildet eine Basis zur Reflexion und zur Selbstbestimmung des eigenen konkreten Handelns und legt somit ein Fundament für die Maxime „die Gegenwart und Zukunft auf der Erde nachhaltig gestalten lernen." um (MSB SH 2016, S.8). Die erfolgreiche Förderung der Argumentationsrezeption, auch hinsichtlich schriftlich begründeter Entscheidungen und dem damit einhergehenden Kompetenzerwerb bezüglich der Bewertungs- und Handlungskompetenz stellen die Bedeutung der Zielsetzung heraus. Die Förderung der Bereitschaft zum konkreten nachhaltigen Handeln konnte mithilfe des Evaluationsbogens erhoben werden. Die SuS erlernen mit dem Argumentationsmodell von Toulmin ein Reflexionswerkzeug, mit welchem sie Werteorientierungen von Personen vor dem Hintergrund des Nachhaltigkeitsgedankens analysieren können (MSB SH 2915, S.23). All dies trägt zur Bildung für eine nachhaltige Entwicklung bei.

Die Erkenntnisse dieser Arbeit sind aufgrund der kleinen Stichprobe für allgemeine Schlussfolgerungen nicht reliabel, dennoch kann für diese Lerngruppe von einer gewinnbringenden Unterrichtseinheit gesprochen werden (vgl. 3.3). Aufgrund dessen ist diese Schwerpunktsetzung für den Geographieunterricht bedeutsam und lohnenswert, sodass weitere Klassen davon profitieren sollen. Zur strukturellen Veränderung der Unterrichtseinheit lässt sich zunächst festhalten, dass die Vorschläge der Lernenden im Evaluationsbogen mit meinen Beobachtungen und Überlegungen größtenteils übereinstimmten. Schwerpunkte der Änderungen sollen dabei auf eine einheitliche Lernlinie ohne Sequenzierung und ausreichend Übungszeit mit dem Schema von Toulmin gelegt werden. In Anlehnung an BUDKE und UHLENWINKEL (2011, S.127) und LEDER (2015, S.144) soll die Unterrichtseinheit folgendermaßen ablaufen.

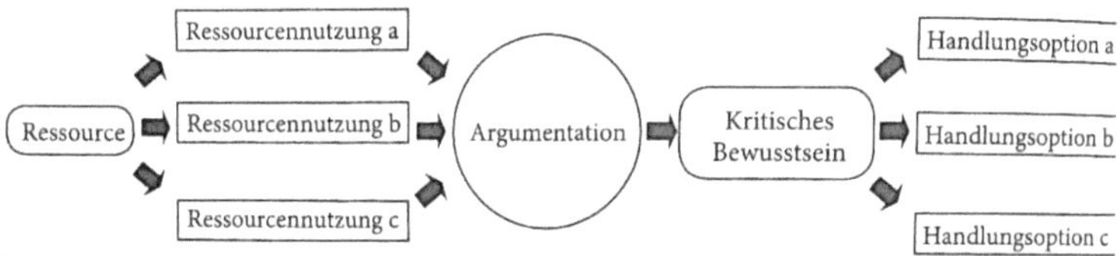

Abb.11: Argumentation über Ressourcenkonflikte ermöglicht Umwelthandeln im Sinne einer Bildung für nachhaltige Entwicklung (BNE) (LEDER 2015, S.144).

Ausgehend von der Ressource des Tropischen Regenwaldes sollen verschiedene vorgefertigte Aussagen mit dem Argumentationsmodell von Toulmin analysiert werden. Daran anschließend formulieren die SuS ihr eigenes Urteil, lernen Nachhaltigkeit kennen und erlangen dadurch ein kritisches Bewusstsein über die Nutzungsformen. Letztlich sollen sie dabei auch verschiedene persönliche Handlungsmöglichkeiten kennen gelernt haben, die sie in ihrem Alltag umsetzen können, beispielsweise beim Schokoladeneinkauf. Dieser grob skizzierte Ablauf wird durch die Methode des Gedankenexperimentes umgesetzt, welche von den SuS als besonders motivierend und hilfreich zum Erlernen des Argumentationsmodells von Toulmin erachtet wurde.

Zu Beginn der Unterrichtseinheit bewährte sich der Advance Organizer, welcher die Lerngruppe zum einen motivierte und zum anderen für Zieltransparenz sorgte. Nach HAUBRICH (2006, S.122) unterstützt dieser die Aktivierung von Vorwissen, neuerlangtes Wissen zu organisieren und in die bestehenden Strukturen einzubauen. Das Gedankenexperiment soll bereits jetzt mit einer ersten Sammlung von Vorwissen über Nutzungen des Tropischen Regenwaldes begonnen werden. Dabei soll eine Verortung und ein interaktiver Einblick in diesen Raum gegeben werden. Dies ist beispielsweise durch einen Dokumentationsfilm möglich. Das Argumentationsmodell von Toulmin wird als Reflexionswerkzeug mit vorformulierten Standpunkten beispielhaft eingeführt und geübt (vgl. 3.2.3). Differenzierungsmöglichkeiten sind zum einen durch verschiedene Nutzungsformen und zum anderen durch Aufgaben auf unterschiedlichem Niveau (Argumentationsdomino) möglich (MSB SH 2016, S.21). Die sich anschließende Zuordnung zu den drei Aspekten der Nachhaltigkeit erwies sich als hilfreich und sollte an dieser Stelle erfolgen. Das Clustern lässt sich zusätzlich für eine Präsentation der Lernprodukte nutzen. Daran kann der Kompetenzstand und Lernzuwachs ersichtlich werden (MSB SH 2016, S.11). Das Verteilen von Klebepunkten an gute Lernprodukte ermittelt das Gelungenste, welches im Anschluss besprochen werden soll. Eine sich anschließende Reflexionsphase soll die Bedeutung von Werten hinsichtlich Entscheidungsfindungen thematisieren. Erst nach dieser Übung sollen die SuS ihre eigene Entscheidung im Gedankenexperiment erstellen und begründet vorstellen. In der darauf folgenden Reflexionsaufgabe sollen nach persönlichem Ermessen die Werte gewichtet und die entstandenen individuellen Wertmaßstäbe besprochen werden. Dieser Aufbau entspricht einer schrittweisen Steigerung der Anforderungen und Festigung der Anwendungskompetenz hinsichtlich des Reflexionswerkzeuges. Denn in einer weiteren Phase soll auf die erworbenen und gefestigten Kompetenzen aufgebaut werden, indem der für die Geographie herausragende Wert der Nachhaltigkeit beleuchtet wird. Anhand vorgefertigter komplexerer Textbausteine (Argumentationsdomino) zu verschiedenen nachhaltigen Nutzungsformen im Tropischen Regenwald sollen die SuS Argumentationen wieder zusammensetzen. In einer kooperativen Lernform soll dieses Lernprodukt zunächst mit einem Partner besprochen und Entscheidungen begründet werden. Abschließend soll beispielhaft die Bedeutung einzelner Sätze für die Gesamtargumentation im Plenum erläutert werden (BUDKE u. UHLENWINKEL 2011, S.128). Um das Gedankenexperiment abzuschließen und einen Meinungswandel, aufgrund des neu erworbenen Wertes der Nachhaltigkeit zu ermöglichen und zu thematisieren, sollen die erstellten individuellen Entscheidungen zum Gedankenexperiment überarbeitet werden.

Diese Lernlinie hält für die Lerngruppe längere Übungsphasen bereit und verbessert die Reflexionsfähigkeit mit abstrakten Begriffen. Unsicherheiten bezüglich der Anwendung des Argumentationsmodells von Toulmin sollten damit behoben sein.

Die Lernenden können nach dieser Unterrichtseinheit mit Hilfe des Argumentationsmodells von Toulmin unter Anwendung des Wertes der Nachhaltigkeit, aktiv an der Analyse und Bewertung von nicht nachhaltigen Entwicklungsprozessen teilhaben, sich an den Kriterien der Nachhaltigkeit im eigenen Leben orientieren und nachhaltige Entwicklungsprozesse zumindest lokal in Gang setzen (DE HAAN 2007, S.4).

Literaturverzeichnis

ABENTEUER REGENWALD (2017): Produkte aus dem Tropischen Regenwald. Aufgerufen unter: (https://www.abenteuer-regenwald.de/wissen/regenwald/produkte).

BAHR, M. (2009): Palmöl statt Regenwald. In: Diercke 360°, Heft 01.

BUNDESMINISTERIUM FÜR UMWELT, NATURSCHUTZ UND REAKTORSICHERHEIT (2011): Biologische Vielfalt. Materialien für Bildung und Information. S.3- 9.

BUDKE, A. (2012): „Ich argumentiere, also verstehe ich." – Über die Bedeutung von Kommunikation und Argumentation für den Geographieunterricht. S. 5- 16. In: BUDKE, A.: Diercke Kommunikation und Argumentation. Westermann Schroedel: Braunschweig.

BUDKE, A. u. M. MEYER (2015): Fachlich argumentieren lernen- Die Bedeutung der Argumentation in den unterschiedlichen Schulfächern. S.9- 26. In: BUDKE, A.; KUCKUCK, M; MEYER, M.; SCHÄBITZ, F.; SCHLÜTER, K u. G. WEISS (Hrsg.): Fachlich argumentieren lernen. Didaktische Forschungen zur Argumentation in den Unterrichtsfächern. Waxmann: Göttingen.

BUDKE, A. u. A. UHLENWINKEL (2011): Argumentieren im Geographieunterricht- Theoretische Grundlagen und unterrichtspraktische Umsetzungen. S. 114- 129. In: MEYER, C; HENRY, R. u. G. STÖBER (Hrsg.): Geographische Bildung. Kompetenzen in didaktischer Forschung und Schulpraxis. Westermann Schroedel: Braunschweig.

BUDKE, A.; CREYAUFMÜLLER, A.; KUCKUCK, M.; MEYER, M.; SCHÄBITZ, F.; SCHLÜTER, K. u. G. WEISS (2015): Argumentationsrezeptionskompetenzen im Vergleich der Fächer Geographie, Biologie und Mathematik. S.273- 294. In: BUDKE, A.; KUCKUCK, M; MEYER, M:, SCHÄBITZ, F.; SCHLÜTER, K u. G. WEISS (Hrsg.): Fachlich argumentieren lernen. Didaktische Forschungen zur Argumentation in den Unterrichtsfächern. Waxmann: Göttingen.

DE HAAN, G. (2007): Bildung für nachhaltige Entwicklung als Handlungsfeld. In: Praxis Geographie, 9, S.4.

DULITZ u. KATTMANN (1990): Sieben Schritte zur ethischen Entscheidung. In: SCHLIEKER, V. (2016): Modul C1: Förderung der Bewertungskompetenz I und Umwelterziehung.

ERNST KLETT VERLAG (Hrsg.) (2007): Lernzirkel Tropischer Regenwald. Stuttgart.

ERNST KLETT VERLAG (Hrsg.) (2012): TERRA Geographie 2. S.50- 51. Stuttgart.

FELZMANN, D. (2012): Gedankenexperiment als Strukturierungshilfen für moralische Argumentationen. S.56- 63. In: BUDKE, A.: Diercke Kommunikation und Argumentation. Westermann Schroedel: Braunschweig.

GEPA (2017): Kakao und Schokolade. Verführerische Vielfalt aus Fairem Handel. Wuppertal.

HAUBRICH, H. (Hrsg.) (2006): Geographie unterrichten lernen. S.122, 269. Oldenbourg: München, Düsseldorf, Stuttgart.

HOFFMANN, K. W. (2009): Mit Bildungsstandards Geographie- Unterricht planen – aber wie? In: Klett- Magazin Terrasse, 1. Hj., S.2- 6.

INSITUT FÜR QUALITÄTSENTWICKLUNG AN SCHULEN SCHLESWIG- HOLSTEIN (2016a): Der Vorbereitungsdienst in Schleswig- Holstein. Ausbildung- Prüfung APVO Lehrkräfte 2016. S.10- 11. Kiel.

INSITUT FÜR QUALITÄTSENTWICKLUNG AN SCHULEN SCHLESWIG- HOLSTEIN (2016b): Einführungsveranstaltung Geographie. Lernen zu lehren, die Gegenwart und die Zukunft auf der Erde nachhaltig zu gestalten. S.9. Kiel.

JUNKER, S. (2012): Planung kompetenzorientierten Unterrichts- eine Visualisierung. S.46- 48. In: Praxis Geographie, 2.

LEDER, S. (2015): Bildung für nachhaltige Entwicklung durch Argumentation im Geographieunterricht. S.138- 149. In: BUDKE, A.; KUCKUCK, M; MEYER, M.; SCHÄBITZ, F.; SCHLÜTER, K u. G. WEISS (Hrsg.): Fachlich argumentieren lernen. Didaktische Forschungen zur Argumentation in den Unterrichtsfächern. Waxmann: Göttingen.

MATTES, W. (2011): Methoden für den Unterricht. S. 28- 29. Westermann Schönigh: Braunschweig.

MAYENFELS, J. u. C. LÜCKE (2012): Ein Standpunkt „verorten" – der Meinungsstrahl als Argumentationshilfe. S.64- 66. In: BUDKE, A.: Diercke Kommunikation und Argumentation. Westermann Schroedel: Braunschweig.

MEYER, C. u. D. FELZMANN (2011): Was zeichnet ein gelungenes ethisches Urteil aus? Ethische Urteilskompetenz im Geographieunterricht unter der Lupe. S.130- 146. In: MEYER, C; HENRY, R. u. G. STÖBER (Hrsg.): Geographische Bildung. Kompetenzen in didaktischer Forschung und Schulpraxis. Westermann Schroedel: Braunschweig.

MEYER, H. (2004): Was ist guter Unterricht? S.83. Berlin.

MINISTERIUM FÜR SCHULE UND BERUFSBILDUNG DES LANDES SCHLESWIG- HOLSTEIN (2015): Fachanforderungen Geographie. Kiel.

MINISTERIUM FÜR SCHULE UND BERUFSBILDUNG DES LANDES SCHLESWIG- HOLSTEIN (2016): Leitfaden für Geographie. Kiel.

KUCKUCK, M. (2015): Argumentationsrezeptionskompetenzen von SchülerInnen- Bewertungskriterien im Fach Geographie. S.77- 87. In: BUDKE, A.; KUCKUCK, M; MEYER, M.; SCHÄBITZ, F.; SCHLÜTER, K u. G. WEISS (Hrsg.): Fachlich argumentieren lernen. Didaktische Forschungen zur Argumentation in den Unterrichtsfächern. Waxmann: Göttingen.

SCHLIEKER, V. (2016): Modul C1: Förderung der Bewertungskompetenz I und Umwelterziehung.

SESEMANN, O. (2016): Skript zum Modul Durchgängige Sprachbildung. S.10- 11.

VAKAN, L (Hrsg.) (2007): Diercke Methoden. S.139- 153. Westermann Schroedel: Braunschweig.

WESTERMANN SCHROEDEL (Hrsg.) (2010): Diercke Geographie G8. S.48- 49. Braunschweig.

WUTTKE, E. (2005): Unterrichtskommunikation und Wissenserwerb. Zum Einfluss von Kommunikation auf den Prozess der Wissensgenerierung. In: BREUER, K.; TULODZIECKI, G. u. K. BECK (Hrsg.): Konzepte des Lehrens und Lernens. Band 11. Frankfurt a.M.

Anhang

I. Arbeitsblatt Gedankenexperiment

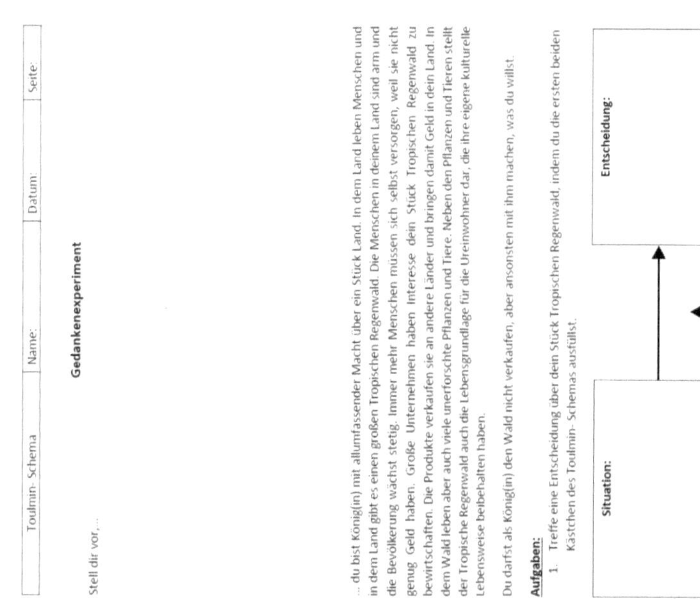

Hinweis auf der Rückseite:

TIPPS:

1. Wie wird das Problem beschrieben? → Situation
2. Wie entscheidest du in der Situation? → Entscheidung
3. Wie begründest du deine Meinung? → Norm

II. Nachhaltigkeitsdreieck

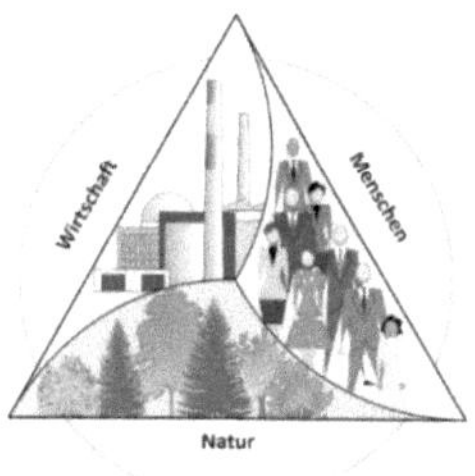

(verändert nach BAHR 2009)

III. Verknüpfung der Aspekte Wirtschaft und Mensch

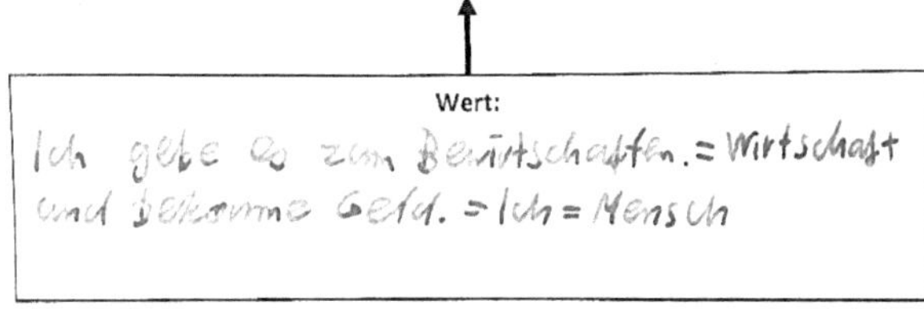

IV. Sehr gute Hausaufgabe

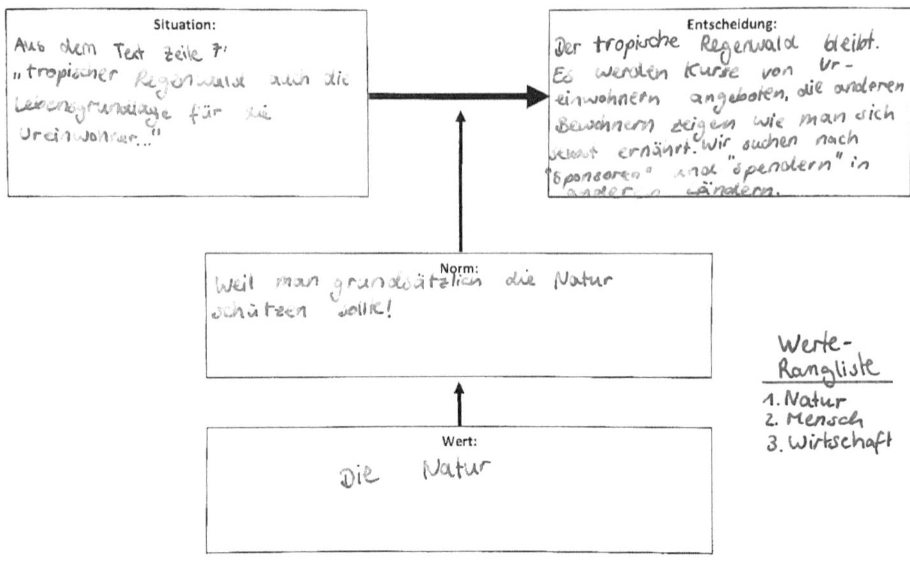

V. Beispielhafte Beantwortung der Reflexionsaufgabe

Reflexion

1. Erkläre, woran es liegen könnte, dass du manche Entscheidungen nicht nachvollziehen kannst.

> Da ich eine völlig andere Meinung habe und es anders sehe als
> ein anderer, liegt das ich andere Entscheidungen nicht nachvollziehen
> kann wahrscheinlich daran das ich sie ganz anders betrachte.

2. Begründe, warum Personen mit sehr verschiedenen Werten (k)eine gemeinsame Entscheidung treffen können.

> Personen mit sehr verschiedenen Werten können eine gemeinsame
> Entscheidung treffen wenn jeder über die Meinung des anderen
> nachdenkt und versteht warum er diese Meinung vertritt.

3. Erkläre, ob es möglich ist alle drei Werte (Mensch, Natur, Wirtschaft) zu beachten und warum das sehr sinnvoll sein könnte.

> Es wäre sehr kompliziert aber möglich die drei Werte:
> Mensch, Natur und Wirtschaft zu beachten, da gerade Wirtschaft
> und Natur sich sehr extrem unterscheiden

VI.   Fairtrade Schokolade

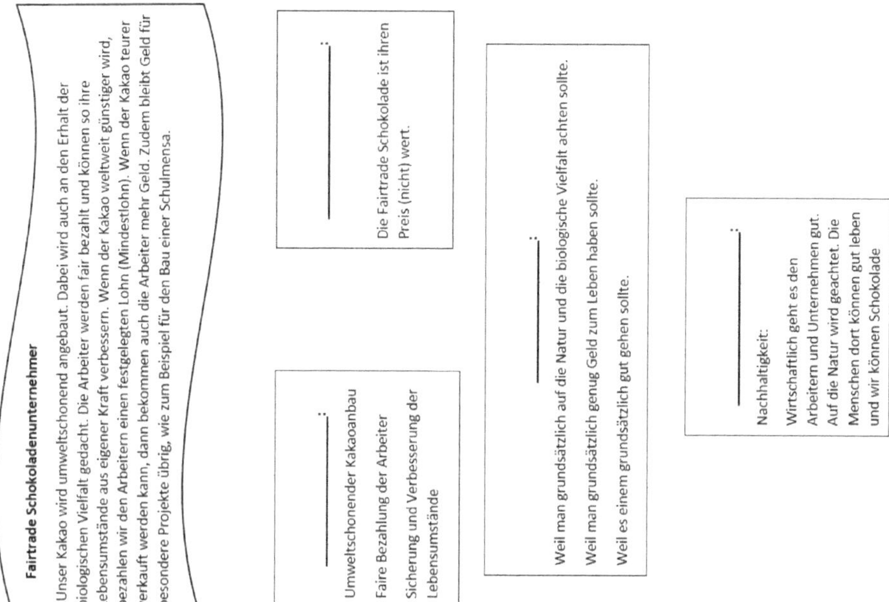

VII.   Drei exemplarische Ergebnisse zur Analyse der Fairtrade Schokolade

Fairtrade Schokolade

Situation:
Unser Kakao wird umweltschonend angebaut. Die Arbeiter werden fair bezahlt. Zudem bleibt Geld für besondere Projekte übrig, wie zum Beispiel für in Bau einer Schulmensa.

Entscheidung:
Ich würde die Schokolade kaufen, sie hat viele Vorteile. Die Arbeiter werden fair bezahlt, außerdem ist es für die Natur und Wirtschaft sehr positiv.

Fairtrade Schokolade

Situation:
- Kakao wird umweltschonend abgebaut
- Biologische Vielfalt geachtet
- Kakao günstige → Mindestlohn
- Kakao teuer → mehr geld

Entscheidung:
Ich finde es ist den Preis wert. Es die nachhaltigkeit wird bezahlt.

Fairtrade Schokolade

Situation:
Der Kakao ist Umweltschonend angebaut. Die Arbeiter werden fair bezahlt. Desto teurer, desto mehr geld bekommen sie. Es bleibt außerdem geld für Projekte z.B. eine Schulmensa.

Entscheidung:
Ich kaufe die Schokolade denn jeder Mensch ist es Wert sich für ihn einzusetzen. Auch wenn sie teuer ist werden die Arbeiter fair bezahlt. Sie ist es für den Preis Wert.

VIII. Drei exemplarische Ergebnisse zur schriftlichen Begründung

2. Entscheide dich zum Kauf der billigeren oder zum Kauf der fairtrade Schokolade.
Begründe deine Entscheidung, indem du die Werte nennst,
die dich bei dieser Entscheidung beeinflusst haben. Tipp: Nutze deine Aufzeichnungen zur Nachhaltigkeit im Heft.

Ich will die teure kaufen den sie ist nachhaltig
Das heißt sie ist zwar teurer ~~aber der~~ dadurch
kriegen die Arbeiter mehr Geld. ~~Stimmt~~ Das ist
gut für die Menschen. Dadurch das der Kakao
umweltschonend angebaut wird ist es gut für die Natur.
Dadurch das sie gut verkauft wird hat die Wirtschaft(die Firma)
auch Plus gemacht. :)

2. Entscheide dich zum Kauf der billigeren oder zum Kauf der fairtrade Schokolade.
Begründe deine Entscheidung, indem du die Werte nennst,
die dich bei dieser Entscheidung beeinflusst haben. Tipp: Nutze deine Aufzeichnungen zur Nachhaltigkeit im Heft.

Ich würde doch die Fairtrade Schokolade kaufen, da
sie für die Menschen und die Natur gut ist.
Ich weiß nicht wie sie schmeckt und auch
nicht ob der Unternehmer die Wahrheit sagt.
Trotzdem würde ich sie kaufen.

2. Entscheide dich zum Kauf der billigeren oder zum Kauf der fairtrade Schokolade.
Begründe deine Entscheidung, indem du die Werte nennst,
die dich bei dieser Entscheidung beeinflusst haben. Tipp: Nutze deine Aufzeichnungen zur Nachhaltigkeit im Heft.

Ich habe mich für die fairtrade Schokolade entschieden,
weil die Arbeiter fair bezahlt werden, also nicht
mit Hungerlohn, und auch an die Natur gedacht
wird. An erster Stelle, finde ich es gut, dass die
Natur "beschützt" wird, an zweiter Stelle, dass die Menschen dort
ordentlich bezahlt werden.

IX. Evaluationsbogen

		☹️ Trifft nicht zu	🙁 Trifft eher nicht zu	🙂 Trifft eher zu	😊 Trifft voll zu
1.	Ich bin generell an dem Fach Geographie interessiert.	1	2	16	5
2.	Das Thema Tropischer Regenwald hat mich interessiert.		4	13	7
3.	Unseren Einfluss auf den Tropischen Regenwald finde ich interessant.		2	14	8
4.	Nachhaltigkeit ist mir wichtig geworden.	2	2	10	10
5.	Entscheidungen zu treffen die nachhaltig sind, finde ich wichtig.		3	9	12
6.	Ich bin daran interessiert, meine Entscheidungen im Sinne der Nachhaltigkeit zu treffen.		4	11	8
7.	Ich kann jetzt besser Aussagen entschlüsseln.	2	5	10	7
8.	Ich kann jetzt den Wert hinter Aussagen entschlüsseln.	2	2	10	11
9.	Ich kann jetzt besser andere Meinungen verstehen.	5	2	8	9
13.	Ich kann jetzt besser verstehen, warum manche keine Lösung für Probleme finden.	4	2	5	13
14.	Ich kann jetzt besser Situationen auf ihre Nachhaltigkeit bewerten.	1	2	8	13
15.	Ich verstehe jetzt Entscheidungen besser, seitdem ich erkenne, welcher Wert dahinter steht.	2	2	7	13
19.	Das Schema von Toulmin hilft mir beim Nachdenken über Meinungen.	2	3	9	10
20.	Das Nachhaltigkeitsdreieck hat mir geholfen den Grund für unterschiedliche Entscheidungen zu verstehen.	3	2	5	14
21.	Das Gedankenexperiment hat mir geholfen das Schema von Toulmin Stück für Stück zu verstehen.		1	4	18
22.	Die Hinweise zur Norm („Sollen- Sätze") und zum Wert („Für wen?") waren für mich hilfreich.	2	3	10	8
23.	Das Argumentationsdomino habe ich genutzt	13	5	2	2
25.	Mein Vorwissen zu den verschiedenen Nutzungen des Tropischen Regenwaldes hat mir geholfen eine Entscheidung im Gedankenexperiment zu treffen.		4	13	6
27.	Das Aufstellen in die Ecken, hat mir geholfen die verschiedenen Bereiche (Natur, Wirtschaft, Mensch) zu verstehen.	2	2	7	14
28.	Die Zuordnung und die Beispiele zu Normen und Werte haben mir geholfen.	1	4	7	11
29.	Ich hätte lieber vorgegebene Meinungen bekommen, anstatt das Gedankenexperiment zu machen	10	10	2	